Spezielle Relativitätstheorie

von
Josef Wittmann

Bayerischer Schulbuch-Verlag · München

bsv physik

Bearbeitet von

Studiendirektor Rainer Feuerlein
Studienrat Dr. Horst Jena
Ministerialrat Dr. Eberhard Ruprecht
Studiendirektor Erich Schedl
Studiendirektor Wilhelm Schraml
Studiendirektor Josef Wittmann

1977
1. Auflage

Hubertusstraße 4, 8000 München 19
Einband: Philipp Luidl, München
Gesamtherstellung: Sellier GmbH Freising

ISBN 3-7627-3302-3

Vorwort

Im Leistungskurs der Kollegstufe spielt die experimentelle Physik eine besondere Rolle. Die Relativitätstheorie bildet hier eine Ausnahme. Man ist deshalb leicht geneigt, die physikalische Substanz zugunsten einer möglichst mathematischen Darstellung zu vernachlässigen. Dies hat häufig den Nachteil, daß die Relativitätstheorie schwer verständlich wird, man verliert leicht den „physikalischen Boden unter den Füßen".

In diesem Lehrgang wurde bewußt das Physikalische in den Vordergrund gestellt und der mathematische Aufwand für die Herleitung der Transformationsformeln auf ein Minimum reduziert. Ich hoffe, daß dadurch die Transparenz und die Schönheit dieser Theorie besser zum Ausdruck kommt.

Einige der Herleitungen weichen zugunsten einer verständlicheren Darstellung vom üblichen Weg ab; dabei spielt die Darstellung von Vorgängen in Minkowski-Diagrammen eine zentrale Rolle. Sie dient nicht nur zur Veranschaulichung, sondern wird weitgehend zur Herleitung von Beziehungen verwendet. Der Inhalt von Gedankenversuchen wird in t-x-Diagrammen aufgezeichnet, aus diesen werden dann durch geometrische Anschauung Folgerungen gezogen.

Es ist nicht verkannt, daß die Ätherhypothese in der geschichtlichen Entwicklung eine bedeutende Rolle spielte. Dem Kollegiaten ist die Existenz von elektrischen und magnetischen Feldern geläufig, ohne daß er als Träger dieser Felder einen Äther annehmen muß; es schien deshalb nicht notwendig, zuerst die Ätherhypothese einzufüh en und sie sogleich wieder zu verwerfen. Von unserem heutigen Standpunkt aus bleibt der Michelson-Morley-Versuch trotzdem sinnvoll und aussagekräftig. Der Michelson-Morley-Versuch war zwar das auslösende Moment, nicht aber die eigentliche Ursache für die Entwicklung der Relativitätstheorie. Diese war vielmehr eine logische Folge der Maxwellschen Theorie des Elektromagnetismus, als Fortsetzung der klassischen Theorien der Mechanik, die von Galilei und Newton begründet worden waren. Unabhängig von Michelsons Versuchsergebnis hatte sich Einstein schon in jungen Jahren mit diesem Problem beschäftigt. Auch andere Forscher wie Lorentz, Poincaré, Larmor hatten erkannt, daß die Maxwellsche Theorie einer Ergänzung bedarf; da sie aber an der Vorstellung der Existenz eines (absolut ruhenden oder mit der Erde mitbewegten) Äthers festhielten, konnten sie nicht wie Einstein den Durchbruch erzielen.

Deshalb steht nicht der Michelson-Morley-Versuch am Anfang; wesentlich eindrucksvoller erscheint ein Gedankenversuch aus der Elektrodynamik, der zu widersprüchlichen Ergebnissen führt. Dieser und der Michelon-Versuch zeigen, daß bei der Anwendung des Galilei-Newtonschen Relativitätsprinzips auf elektrische Vorgänge Schwierigkeiten auftreten, die nur behoben werden können, wenn man die Grundlagen unserer Naturerkenntnis neu überdenkt.

Für die spezielle Relativitätstheorie gilt in ganz besonderem Maße, was für die Physik im allgemeinen gilt: Sie zeigt uns, wie *wir* die Natur erkennen, wobei die Mittel, deren wir uns dabei bedienen, und wir selbst, Teile dieser Natur sind.

Wir sind zur Messung von Raum und Zeit an die endliche Ausbreitungsgeschwindigkeit des Lichtes gebunden und sehen deshalb die Vorgänge so, wie sie sich mit dieser Beschränkung zeigen. Die Natur „an sich" der Philosophen entzieht sich uns einer Erforschung mit experimentellen Methoden.

Prien am Chiemsee, August 1977

Josef Wittmann

ALBERT EINSTEIN
wurde 1879 in Ulm geboren. Er studierte an der technischen Hochschule Zürich und war anschließend Angestellter am schweizerischen Patentamt. Während dieser Zeit entwickelte er seine Gedanken zur speziellen Relativitätstheorie und veröffentlichte sie 1905. 1914 wurde er als Direktor an das Kaiser-Wilhelm-Institut für Physik nach Berlin berufen. Dort wirkte er bis 1933, emigrierte dann in die Vereinigten Staaten und lehrte an der Universität Princeton. Er ist dort im Frühjahr 1955 gestorben. 1921 erhielt er den Nobelpreis für Physik für seine Arbeiten zur Quantentheorie.

„Wenn man nicht gegen den Verstand verstößt, kann man überhaupt zu nichts kommen."
A. Einstein

Inhaltsverzeichnis

1. Voraussetzungen

1.1. Das Galilei-Newtonsche Relativitätsprinzip

Wir sehen fast täglich die Sonne im Osten auf- und im Westen untergehen; obwohl es also den Anschein hat, als würde die Sonne die Erde umkreisen, bereitet es dem heutigen Menschen keinerlei Schwierigkeiten, diese Erscheinung aus der Rotation der Erde um ihre Achse zu deuten. Es ist außerdem fest in unser Bewußtsein gedrungen, daß die Erde sich als einer von vielen Planeten um die Sonne bewegt, daß die Sonne im Milchstraßensystem ihre Bahn zieht und auch das Milchstraßensystem nicht stillsteht. Man wußte das nicht immer so; es hat viele Jahrhunderte gedauert, bis man zu diesen Erkenntnissen kam und selbst als man diese Erkenntnisse gewonnen hatte, war es noch ein weiter Weg, die Bewegungen der Erde nachzuweisen.

Der Grund hierfür ist, daß *die Gesetze der Newtonschen Mechanik in einem gleichförmig bewegten System ebenso gelten wie in einem ruhenden System.*

Dies ist die Aussage des *Galilei-Newtonschen Relativitätsprinzips.*
Was aber heißt bewegt, was heißt ruhend?

Vor Kopernikus und Galilei betrachtete man die Erde als *das absolut ruhende System;* entsprechend bezeichnete man ein System, dessen Lage zur Erde sich ändert, als „bewegtes System". Es zeigte sich aber, und das erkannte schon Galilei, daß „gleichförmig bewegte" Systeme voneinander und vom „absolut ruhenden" System durch physikalische Experimente nicht unterschieden werden können. Galilei bringt dazu folgendes Beispiel:
Läßt man einen Stein von der Spitze des Mastes eines Schiffes fallen, so trifft er stets am Fußpunkt des Mastes auf, gleichgültig, ob das Schiff in Ruhe ist oder mit konstanter Geschwindigkeit fährt. Ein Beobachter auf dem Schiff, der zur Umwelt außerhalb des Schiffes keinen Kontakt hat, kann durch mechanische Experimente nicht feststellen, ob sich das Schiff gleichförmig bewegt oder in Ruhe ist (Abb. 1.1).

Ein eindrucksvolles Beispiel ist auch der Flug in einem Düsenverkehrsflugzeug. Selbst bei einer Geschwindigkeit von 800 km/h und mehr verhalten sich Gegenstände im Flugzeug nicht anders, als wenn das Flugzeug auf dem Boden ruhen würde; das Einschenken einer Tasse Kaffee bereitet nicht mehr Schwierigkeiten als z.B. am Frühstückstisch.

„Ruhend" und „gleichförmig bewegt" sind also keine physikalisch nachweisbaren Merkmale und daher als Begriffe in der Physik nicht brauchbar. Sinnvoll sind nur Aussagen wie „ruhend relativ zu ..." oder „bewegt relativ zu ...".

Wenn wir also *keinen Unterschied* finden können *zwischen ruhend und gleichförmig bewegt,* ist es nicht sinnvoll, diese Begriffe überhaupt zu verwenden. Statt dessen setzen wir fest:

Jedes System, in dem die Newtonsche Mechanik gilt, nennt man ein Inertialsystem. Jedes relativ zu einem Inertialsystem gleichförmig bewegte Bezugssystem ist auch ein Inertialsystem[1]).

---

[1]) Inertialsystem von lat. inertia, die Trägheit.

Dieses Prinzip führt in der Newtonschen Mechanik zu einer Folgerung, die wir, wie sich noch zeigen wird, später nicht mehr aufrecht erhalten können: Wirkt in einem Inertialsystem auf einen Körper eine Kraft, so verursacht diese eine bestimmte Geschwindigkeitsänderung. Wegen der Additivität der Geschwindigkeiten wird in einem anderen Inertialsystem die gleiche Geschwindigkeitsänderung und somit die gleiche Kraft gemessen.

In Galileis Beispiel: Die auf den Stein wirkende Schwerkraft ist von der Bewegung des Steines relativ zu der die Schwerkraft verursachenden Erde unabhängig.

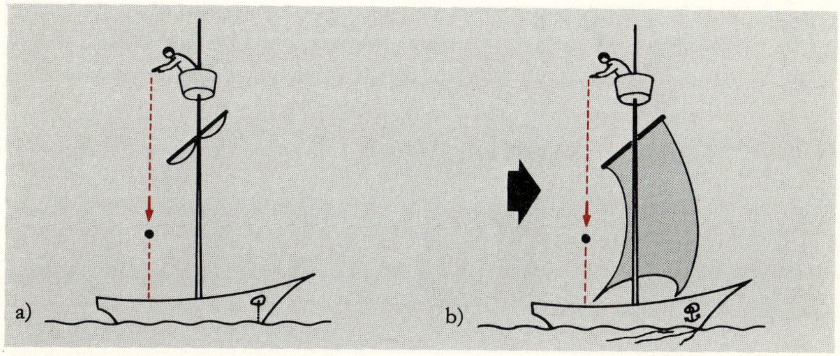

1.1 Fall eines Steines vom Mast eines
a) ruhenden, b) gleichförmig bewegten Schiffes, vom Schiff aus beobachtet

Die Rotation eines Punktes der Erdoberfläche um die Erdachse ist keine gleichförmige, sondern eine beschleunigte Bewegung; sie kann deshalb verhältnismäßig leicht nachgewiesen werden (Foucaultsches Pendel, Corioliskraft, Kreiselkompaß).
Wird ein Körper relativ zu einem Inertialsystem beschleunigt, so wirken auf ihn Trägheitskräfte, die bei gleichförmiger Bewegung nicht auftreten. *In einem beschleunigten System gelten also nicht mehr die gleichen Gesetze der Mechanik wie in einem Inertialsystem.* Obwohl die Erdoberfläche also eigentlich nicht als Inertialsystem angesehen werden kann, können wir die Gesetze der Newtonschen Mechanik auf ihr näherungsweise als gültig ansehen. (Zur Veranschaulichung der Einwirkung beispielsweise der Zentrifugalkraft errechne man den Unterschied der Gewichtskraft eines Körpers am Äquator und am Nordpol in Prozent, bei einem angenommenen Erdradius von 6000 km.) Letztlich wurden diese Gesetze ja auf ihr entdeckt, wenn auch durch starke Extrapolation.

Aufgabe

1.1 Auf dem Umfang eines Rades eines mit der Geschwindigkeit v fahrenden Fahrzeuges ist ein Punkt markiert. Geben Sie den zeitlichen und den geometrischen Bahnverlauf dieses Punktes an, den
a) ein mit dem Fahrzeug mitbewegter Beobachter,
b) ein am Straßenrand stehender Beobachter wahrnimmt.

1.2. Elektrische Erscheinungen und das Galilei-Newtonsche Relativitätsprinzip

Das *Galilei-Newtonsche Relativitätsprinzip* wurde speziell für *mechanische Vorgänge* aufgestellt. Es erhebt sich jetzt die Frage, ob ein entsprechendes Relativitätsprinzip auch für elektrische und magnetische Erscheinungen gilt.

Folgender Gedankenversuch zeigt uns, daß bei Anwendung eines solchen Prinzips Widersprüche auftreten können:

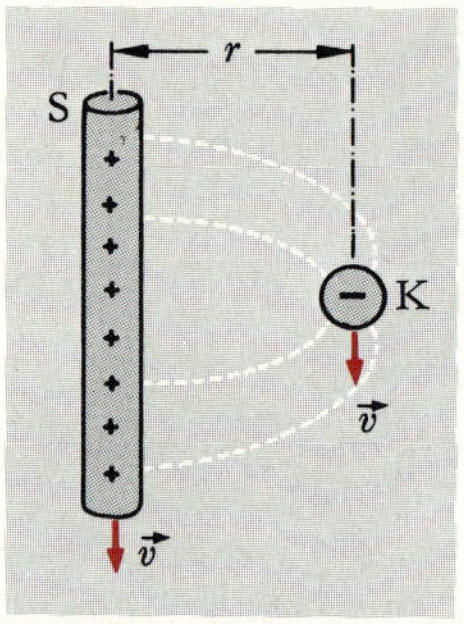

1.2 Gedankenversuch zur Kraft auf eine elektrisch geladene Kugel

Wir denken uns einen Stab S und eine kleine Kugel K ungleichnamig elektrisch geladen nebeneinander im Abstand r. Die Ladung des Stabes sei $+Q$, die der Kugel $-Q$. Die Länge l des Stabes sei groß gegen den Abstand r der Kugel (Abb. 1.2). Der Stab ist dann von einem elektrischen Feld umgeben, im Abstand r (am Ort der Kugel) sei die Feldstärke E. Zwischen Stab und Kugel wirkt dann eine Anziehungskraft

$$F_C = Q \cdot E\,.$$

Bewegt sich nun der Stab relativ zum Beobachter mit der konstanten Geschwindigkeit v von oben nach unten, so entspricht das einem elektrischen Strom der Stärke $I = \frac{Q \cdot v}{l}$; um den Stab bildet sich also ein Magnetfeld. Solange die Kugel ruht, geschieht nichts weiter; es befindet sich ja die ruhende Kugel im konstanten Magnetfeld. Bewegt sich aber die Kugel mit, also ebenfalls mit der Geschwindigkeit v, so bewegt sie sich jetzt im konstanten Magnetfeld und es tritt zusätzlich die Lorentzkraft auf:

$$F_L = -Q \cdot v \cdot B = -Q \cdot v \cdot \mu_0 \cdot \frac{I}{2r\pi} = -\frac{Q^2}{l} \cdot v^2 \cdot \mu_0 \cdot \frac{1}{2r\pi}$$

Die Gesamtkraft ist demnach

$$F_{\text{ges}} = F_C + F_L = Q \cdot E - v^2 \mu_0 \frac{1}{2r\pi l} \cdot Q^2\,.$$

Nach dem Galilei-Newtonschen Relativitätsprinzip können wir uns diesen Vorgang aber auch so vorstellen, daß sich der Beobachter relativ zu Stab und Kugel in der entgegengesetzten Richtung, also mit der Geschwindigkeit $-v$ nach oben bewegt. Wenn wir an unserer bisherigen Auffassung festhalten und annehmen, daß a) das Coulombfeld einer bewegten Ladung sich nicht von dem einer ruhenden Ladung unterscheidet und b) ein an einer „ruhenden“ Ladung vorbeibewegter Beobachter kein Magnetfeld feststellt, so können wir zwei Aussagen machen, die sich widersprechen:

1. Wenn das Galilei-Newtonsche Relativitätsprinzip gilt, ist es gleichgültig, ob sich das System Stab—Kugel gegen den Beobachter bewegt, oder ob sich der Beobachter (in entgegengesetzter Richtung) gegen das System Stab—Kugel bewegt; in jedem Fall muß *die gleiche Kraft* zwischen Stab und Kugel auftreten.
2. Bewegt sich das System Stab—Kugel relativ zum Beobachter, so ist die Kraft zwischen Stab und Kugel

$$F = Q \cdot E - v^2 \mu_0 \frac{1}{2 r \pi l} \cdot Q^2 ; \tag{1}$$

bewegt sich aber der Beobachter gegen das System Stab—Kugel, so tritt nur die Coulombsche Anziehungskraft

$$F_C = Q \cdot E \tag{2}$$

auf; nach Voraussetzung ist ja ein Magnetfeld nicht vorhanden.

Es treten also *verschiedene Kräfte* auf, je nachdem, ob wir bei unserer Überlegung das System des Beobachters oder das System Stab—Kugel als ruhend annehmen.

Eine logische Folgerung aus diesem Widerspruch wäre, daß wenigstens eine der gemachten Annahmen a) oder b) falsch ist. Wie aber wäre das zu erklären?

Aufgabe

1.2 Ein Isolierstab ist in der Mitte an einem dünnen Faden aufgehängt; an seinen Enden befinden sich im Abstand r zwei entgegengesetzt geladene Kugeln. Die Anordnung bewegt sich in horizontaler Richtung mit konstanter Geschwindigkeit nach rechts, dabei bildet die „positive Hälfte" des Stabes mit der Bewegungsrichtung einen spitzen Winkel.

a) Wie verlaufen die magnetischen Feldlinien des von der positiven (linken) Kugel erzeugten Magnetfeldes?

b) Welche Richtung hat die Lorentzkraft, die dadurch auf die rechte Kugel wirkt? Welche Wirkung hat in entsprechender Weise die rechte auf die linke Kugel?
Wie könnte man diese Kräfte durch ihre Wirkung auf die „Drehwaage" nachweisen?

1.3. Der Versuch von Michelson und Morley

Die naheliegende Schlußfolgerung wäre, daß für elektromagnetische Vorgänge das Relativitätsprinzip nach Galilei und Newton nicht gilt, daß es vielmehr für solche Vorgänge ein absolut ruhendes Bezugssystem gibt.

Man hat als solches Bezugssystem lange Zeit den sogenannten *„Äther"* betrachtet, den man hypothetisch zur Erklärung der Ausbreitung der elektromagnetischen Wellen einführte.

Zwei grundlegende Experimente haben gezeigt, daß es auch für elektromagnetische Vorgänge ein solches Bezugssystem nicht gibt, der Versuch von Trouton und Noble und der Michelson-Morley-Versuch.

Der *Versuch von Trouton und Noble* knüpft an den Gedankenversuch in 1.2. an. Die beiden Forscher untersuchten, ob eine solche zusätzliche magnetische Kraft zwischen zwei mit der Geschwindigkeit v bewegten Kondensatorplatten auftritt (siehe Aufgabe 1.2). Der Versuch ergab, daß eine solche Kraft nicht vorhanden ist, daß also eine absolute Bewegung mit dieser Anordnung nicht nachweisbar ist.

Der *Michelson-Versuch*[1]) befaßte sich mit der Ausbreitung des Lichtes, also einer elektromagnetischen Welle. Der Grundgedanke war der:
Wenn es ein absolutes Bezugssystem gibt, dann muß ein Beobachter, der sich relativ zum absoluten Bezugssystem bewegt, eine andere Lichtgeschwindigkeit messen als ein in diesem Bezugssystem ruhender Beobachter. Eine solche Bewegung wäre z. B. dadurch gegeben, daß die Erde mit einer Geschwindigkeit von ca. 29 km/s um die Sonne kreist. Die Erde müßte sich dann einmal im Jahr mindestens mit dieser Geschwindigkeit relativ zu einem solchen Bezugssystem bewegen.
Wie läßt sich aber eine solche Bewegung nachweisen?
Die Lichtgeschwindigkeit ist zwar sehr viel größer als die Geschwindigkeit, mit der sich die Erde um die Sonne bewegt und Maxwell hat bezweifelt, daß die Änderung der Lichtgeschwindigkeit, die sich durch die Bewegung der Erde ergeben müßte, meßbar ist. Michelson hat aber gezeigt, daß durch Überlagerung zweier Lichtwellen, die sich in verschiedenen Richtungen ausbreiten, ein solcher Nachweis möglich sein müßte.

Michelson versuchte also, die Bewegung der Erde in einem absoluten Bezugssystem, nämlich dem, in dem sich das Licht nach allen Seiten mit gleicher Geschwindigkeit ausbreitet, nachzuweisen.

Ein Beispiel soll das Prinzip seines Versuches erläutern: Von einem Flugplatz aus starten gleichzeitig zwei Flugzeuge und fliegen mit gleicher Geschwindigkeit in verschiedene Richtungen, das eine nach Osten, das andere nach Süden.
Nach einer Flugstrecke von je 100 km kehren beide Flugzeuge um und landen wieder auf dem Flugplatz. Bei Windstille werden sie zu ihrem Flug die gleiche Zeit brauchen und gleichzeitig landen. Herrscht nun aber Westwind, so fliegt das eine Flugzeug zuerst mit, auf dem Rückf ug gegen den Wind; das andere hat Seitenwind und muß etwas gegen den Wind anfliegen, um den Kurs zu halten (Abb. 1.3). Sie werden jetzt nicht mehr gleichzeitig ankommen, das nach Osten fliegende Flugzeug wird etwas länger brauchen als das nach Süden fliegende.

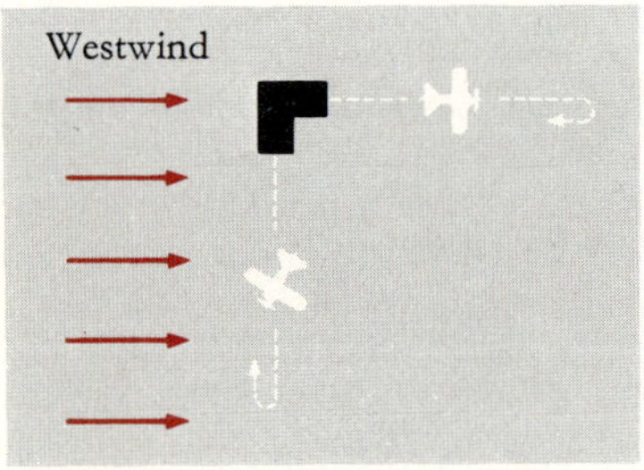

1.3 Beide Flugzeuge fliegen mit gleicher Eigengeschwindigkeit die gleiche Strecke. Das senkrecht zur Windrichtung fliegende Flugzeug kommt früher zurück

Denken wir uns statt der Flugzeuge zwei Lichtwellen und statt der Bewegung der Erdoberfläche gegen die Luft die Bewegung der Erde in einem absoluten Bezugssystem, so haben wir das Prinzip des Michelsonversuches.

Nun läßt sich aber die Bewegung der Erde nicht abstellen, um eine mögliche Zeitdifferenz zu messen; daher vertauscht Michelson die Rolle der beiden Lichtwellen durch Drehen der Versuchsanordnung um 90°.
Entsprechend könnte man sich in unserem Beispiel einen zweiten Flug denken, bei dem der Wind mit gleicher Geschwindigkeit aus Norden weht.

[1]) Albert Michelson, amerikanischer Physiker (1852—1931), führte den Versuch erstmals 1881 in Potsdam durch.

Michelson verwendete eine äußerst empfindliche Methode, kleine Laufzeitdifferenzen von Lichtwellen nachzuweisen: die Interferenz von Lichtwellen.

Ein monochromatischer Lichtstrahl wird in zwei interferenzfähige Teilstrahlen zerlegt, die nach Durchlaufen zweier senkrecht zueinander gerichteter Strecken l_1 und l_2 zur Überlagerung gebracht werden (Abb. 1.4).

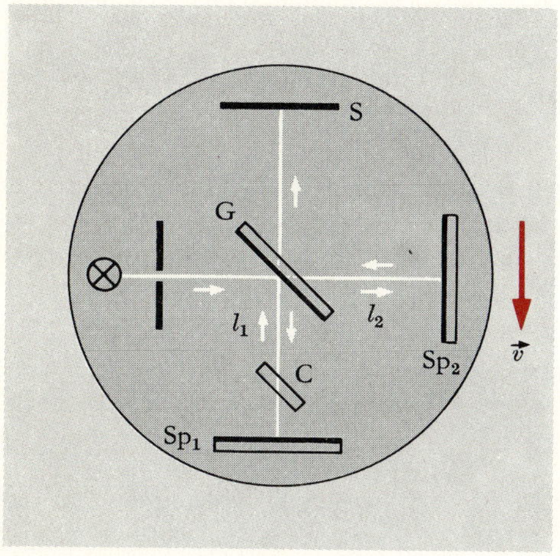

1.4 Prinzipieller Aufbau der Versuchsanordnung von Michelson-Morley. G ist eine Glasplatte mit halbdurchlässiger Spiegelschicht. Die Kompensationsglasplatte C bewirkt, daß die beiden Lichtstrahlen die gleiche Glasdicke durchlaufen

Auf dem Schirm S entsteht dadurch ein System von Interferenzstreifen, das als Indikator dient für eine unterschiedliche Ausbreitung des Lichtes auf den senkrecht zueinander stehenden Lichtwegen l_1 und l_2.
Bei idealer Einstellung der beiden Spiegel (genau senkrecht zueinander) würde als Interferenzfigur ein System von konzentrischen Kreisen auftreten. Da jedoch stets eine geringe Abweichung von dieser Einstellung auftritt, erscheint auf dem Schirm ein Ausschnitt aus diesem Kreissystem, d. h. nahezu parallele Streifen (Abb. 1.5).

Im Originalversuch war der Schirm S durch ein Fernrohr ersetzt, das eine sehr exakte Einstellung und Messung möglicher Verschiebungen der Interferenzstreifen erlaubte. Wird z. B. einer der Wege l_1 oder l_2 um eine halbe Wellenlänge verändert, so verschiebt sich das Streifensystem um den Abstand zweier Interferenzstreifen gegenüber dem Fadenkreuz im Fernrohr.

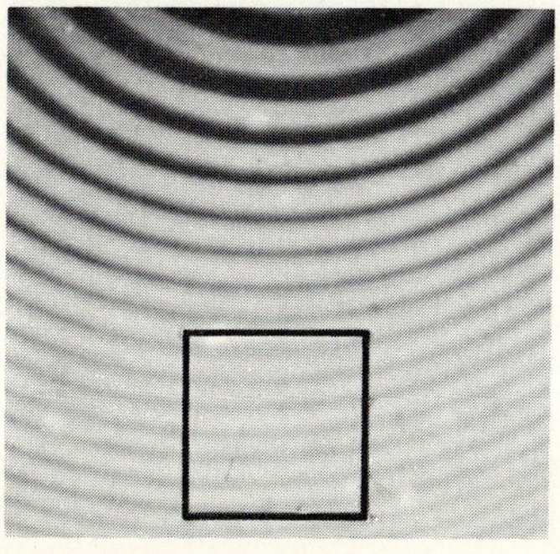

1.5 Interferenzstreifen, beim Michelson-Interferometer

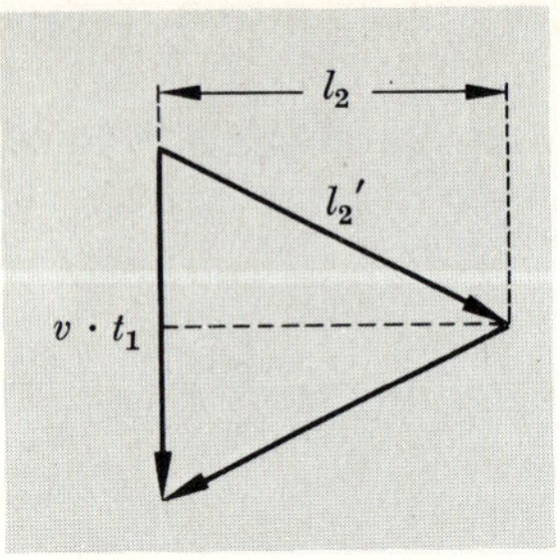

1.6 Lichtweg bei senkrecht zum Lichtstrahl bewegtem System

Würde sich die ganze Anordnung gegen ein ruhendes Bezugssystem mit der Geschwindigkeit v von oben nach unten bewegen, so würde der Lichtstrahl G – Sp_1 – G einmal die Strecke l_1 in Richtung dieser Bewegung und nach Reflexion an Sp_2 ihr entgegen durchlaufen. Es würde dazu die Zeit

$$t_{\parallel} = \frac{l_1}{c+v} + \frac{l_1}{c-v} = \frac{2\,l_1\,c}{c^2-v^2} = \frac{2\,l_1}{c}\,\frac{1}{1-\frac{v^2}{c^2}} \tag{1}$$

brauchen.

Der Strahl G — Sp_2 — G läuft quer zur Bewegungsrichtung und müßte von einem, im Bezugssystem ruhenden Beobachter aus, den Weg $2\,l_2'$ zurücklegen (Abb. 1.6), wobei für l_2' gilt

$$l'^2_2 = l_2^2 + \left(\frac{v \cdot t_\perp}{2}\right)^2,$$

mit $$t_\perp = \frac{2\,l_2'}{c}.$$

Aus beiden Gleichungen erhält man für $t_\perp$:

$$t_\perp = \frac{2\,l_2}{c}\,\frac{1}{\sqrt{1-\frac{v^2}{c^2}}} \tag{2}$$

Gleichung (1) und (2) zeigen, daß sich diese Bewegung auf die beiden Lichtwege unterschiedlich auswirken würde; die Interferenzstreifen auf dem Schirm S müßten sich also verschieben, wenn sich die Versuchsanordnung in Richtung von l_1 oder l_2 bewegen würde.

Eine solche Bewegung der Versuchsanordnung ist aber durch den Lauf der Erde um die Sonne gegeben. Die Anordnung wurde während des Versuches um 90° gedreht, so daß diese Bewegung einmal in Richtung von l_1 und dann in Richtung von l_2, also senkrecht zu l_1 erfolgte.
Die Geschwindigkeit von 29 km/s hätte nach der obigen Rechnung eine deutliche Verschiebung der Interferenzlinien ergeben müssen.

Michelson und Morley benutzten bei ihrem Versuch 1887 einen Lichtweg von $l =$ 1100 cm in jeder Richtung; das ergibt nach den Gleichungen (1) und (2) die Zeitdifferenz

$$\Delta t' = t_{\parallel} - t_{\perp} = \frac{2\,l}{c}\,(1 - v^2/c^2)^{-1} - \frac{2\,l}{c}\,(1 - v^2/c^2)^{-\frac{1}{2}}$$

$$\approx \frac{2\,l}{c}\left(1 + \frac{v^2}{c^2}\right) - \frac{2\,l}{c}\left(1 + \frac{v^2}{2\,c^2}\right)^{1)}$$

$$\approx \frac{l}{c} \cdot \frac{v^2}{c^2} = 0{,}35 \cdot 10^{-15}\ \text{s}\,.$$

Bei einer Drehung um 90° vertauschen sich die beiden Lichtwege, so daß diese Zeitdifferenz noch einmal auftritt. Die gesamte Zeitdifferenz, um die die eine Lichtwelle gegen die andere verzögert erscheint, müßte demnach sein

$$\Delta t = 0{,}7 \cdot 10^{-15}\ \text{s}\,.$$

Licht mittlerer Wellenlänge (gelb) hat eine Schwingungsdauer von $T = 1{,}9 \cdot 10^{-15}$ s ; die zeitliche Verschiebung müßte demnach ungefähr $0{,}4 \cdot T$ betragen, was eine Verschiebung der Interferenzstreifen ebenfalls um das 0,4-fache des Streifenabstandes bedeuten würde. Tatsächlich konnten Michelson und Morley aber maximal eine Verschiebung von $\frac{1}{100}$ des Streifenabstandes beobachten.

Joos hat 1930 in Jena diesen Versuch mit einer solchen Präzision wiederholt, daß selbst $\frac{1}{1000}$ des erwarteten Effekts noch hätte nachgewiesen werden können. Jedoch ebenfalls mit negativem Ausgang.

Man könnte nun den negativen Ausgang dieses Experimentes so deuten, daß von der Lichtquelle Lichtteilchen ausgeschleudert werden (die Photonen), die immer die gleiche relative Geschwindigkeit zur Versuchsanordnung haben.

Das würde bedeuten, daß man das Galilei-Newtonsche Relativitätsprinzip auch auf die Ausbreitung des Lichtes anwenden könnte. Man könnte dies vergleichen mit einer Kanone, deren Schußweite auch nicht davon abhängt, ob sie in Richtung der Erddrehung, in der Gegenrichtung oder senkrecht dazu abschießt.

Um diese Möglichkeit zu prüfen, wurde der Michelson-Versuch auch mit relativ zur Versuchsanordnung bewegten Lichtquellen durchgeführt, nämlich mit Sonnenlicht und dem Licht von Fixsternen (Miller 1924 und Tomaschek 1924). Aber auch hier zeigte sich keine Verschiebung der Interferenzstreifen in der erwarteten Größe. Auch Versuche mit schnell bewegten Teilchen, die γ-Strahlen emittieren, ergeben, daß eine Abhängigkeit der Lichtgeschwindigkeit von der Bewegung der Lichtquelle nicht besteht.

Das bedeutet:

Auch aus der Ausbreitung des Lichtes ergibt sich kein Hinweis dafür, daß für elektromagnetische Vorgänge ein absolutes Bezugssystem existiert.

A. Einstein[2]) fand 1905 die Lösung des Problems, und zwar in einer Richtung, die überrascht:

Nicht das Relativitätsprinzip muß revidiert werden, auch nicht die Gesetze des Elektromagnetismus; was revidiert werden muß, sind die Gesetze der Mechanik.

---

[1]) siehe z.B. Analysis 1, 6.3.2.

[2]) Albert Einstein, deutscher Physiker (1879—1955), emigrierte 1933 in die USA; Nobelpreis 1921 für seine Arbeiten zur Quantentheorie.

Die Problematik liegt darin, wie wir Zeit und Raum messen. Einstein erkannte, daß an den üblichen Verfahren, Länge und Zeit zu messen, angesetzt werden muß, daß also diese Verfahren neu zu überdenken sind.

Aufgaben

1.3 Die Erde bewegt sich um die Sonne mit einer Bahngeschwindigkeit von 30 000 m/s. Um wieviel müßten sich beim Michelson-Versuch die Interferenzstreifen während eines halben Jahres verschieben, wenn sich die Erde zu Beginn in Richtung der Bewegung eines absoluten Bezugssystems bewegen würde, am Ende ihr entgegen?

1.4 Zwei gleich schnelle Motorboote starten gleichzeitig von einem Punkt eines Flußufers aus. Das eine Boot fährt über den Fluß, kehrt am gegenüberliegenden Ufer um und fährt mit gleicher Geschwindigkeit wieder zum Ausgangspunkt zurück.
Das zweite Boot fährt die gleiche Strecke wie das erste stromaufwärts und dann stromabwärts zurück zum Ausgangspunkt.
a) Welches Boot gewinnt das Rennen?
b) Übertragen Sie dieses Beispiel auf den Michelson-Morley-Versuch unter der Annahme eines absoluten Bezugssystems (absolut ruhenden Äthers).

2. Neue Grundlagen der Zeit- und Längenmessung

2.1. Die Konstanz der Lichtgeschwindigkeit

Einsteins bedeutsamer Gedankenschritt war die *Deutung des negativen Ausgangs des Michelson-Versuches* durch die Annahme der *Konstanz der Lichtgeschwindigkeit.* Sie ergibt sich unmittelbar aus der Annahme, daß auch für elektromagnetische Erscheinungen ein bevorzugtes Bezugssystem nicht existiert.

Obwohl dies eine recht einfache Annahme ist, widerspricht sie doch sehr dem gesunden Menschenverstand. Sie bedeutet nichts anderes, als daß die Lichtgeschwindigkeit unabhängig davon ist, ob man sich gegenüber der Lichtquelle in Ruhe befindet, oder sich mit großer Geschwindigkeit gegen sie bewegt.

In jedem gleichwie bewegten Bezugssystem ist die Vakuum-Lichtgeschwindigkeit gleich c. Es spielt dabei keine Rolle, ob die Lichtquelle im Bezugssystem ruht oder sich gegen dieses bewegt; die Lichtgeschwindigkeit ist also unabhängig von einer Bewegung der Lichtquelle relativ zum Beobachter.

Wir nennen dies das *Prinzip von der Konstanz und Unabhängigkeit der Lichtgeschwindigkeit (PKUL).*

Wie sich daraus der negative Ausgang des Michelson-Versuches erklären läßt, kann erst an späterer Stelle (3.5.) analysiert werden.

2.2. Zeitmessung

Wir haben alle ein gewisses Gefühl dafür, was Zeit ist und wie die Zeit abläuft. Für den Physiker ist die *Zeit eine meßbare Größe.* Zeit messen heißt, Zeitabschnitte miteinander vergleichen.

Es gibt keine direkte Möglichkeit, eine Sekunde, die jetzt abläuft, mit einer Sekunde, die vor einem Jahr abgelaufen ist, zu vergleichen. Wir brauchen also einen Vorgang, auf den wir den Zeitablauf beziehen können. Wir vereinbaren, daß Vorgänge, die offensichtlich gleich ablaufen, die gleiche Zeit erfordern.

Grundsätzlich eignet sich in diesem Sinne jeder *periodische Vorgang* zur Zeitmessung.

Bevor wir darauf näher eingehen, wollen wir, ohne den Zeitbegriff zu verwenden, definieren, was wir unter einem periodischen Vorgang verstehen.

Unter einem periodischen Vorgang versteht man einen sich beliebig wiederholenden Vorgang, derart, daß das System, in dem dieser Vorgang abläuft, zu Beginn und am Ende des Vorganges im gleichen Zustand ist.

Es ist von Bedeutung, daß sich nach jeder Periode der gleiche Zustand einstellt, d.h., daß für den neuen Ablauf des Vorgangs die gleichen Anfangsbedingungen wieder hergestellt sind.

Die *Zeiteinheit* kann dann durch Anfang und Ende dieses Vorgangs festgelegt werden. Vielfache der Zeiteinheit werden durch wiederholten Ablauf des periodischen Vorgangs dargestellt.

Die praktische Zeiteinheit 1 Sekunde wurde ursprünglich aufgrund eines solchen periodischen Vorgangs, der Rotation der Erde, festgelegt als der 86400. Teil der über ein Jahr gemittelten Zeitdauer einer Umdrehung der Erde, bezogen auf die Sonne, d. h. eines mittleren Sonnentages.

Bei einer als gleichmäßig angenommenen Rotation der Erde entspricht 1 Sekunde also der Zeit, in der sich die Erde um einen Winkel von 15″ dreht.

Allgemein läßt sich die Periode einer für die Zeitmessung verwendeten periodischen Bewegung mit Hilfe einer als gleichmäßig angenommenen Bewegung, z. B. der Drehung eines Uhrzeigers, in gleiche Zeitabschnitte zerlegen.

Die Schwingung eines Pendels ist ein weiteres Beispiel für einen periodischen Vorgang. Aus der Erfahrung wissen wir, daß sich hier nach jeder Periode der gleiche Zustand einstellt, d. h. Lage und Geschwindigkeit sind nach jeder Schwingung wieder gleich.
Wie aber ist es, wenn ein solches Pendel relativ zu einem Inertialsystem bewegt wird?

Würden wir die Schwingungsdauer eines Pendels in einem anfahrenden Fahrstuhl messen, so würde sich zur Schwerkraft des Pendelkörpers auch noch dessen Trägheitskraft addieren (oder subtrahieren) und die Schwingungsdauer würde sich entsprechend ändern. Wenn bei Quarzuhren, bei denen ein schwingender Quarzkristall die Periodendauer bestimmt, und bei Atomuhren, bei denen atomare oder molekulare Schwingungen den Gang der Uhr steuern, eine Abhängigkeit von einer solchen Bewegung auch nicht direkt ersichtlich ist, so ist doch ein Einfluß nicht auszuschließen.
Da die Periodendauer einer periodischen Bewegung durch eine überlagerte beschleunigte Bewegung geändert werden kann, wird man also Zeitmessungen mit Uhren durchführen, die in einem Inertialsystem ruhen oder gleichförmig dagegen bewegt sind.

Wenn wir zu einem bestimmten Zeitpunkt an einem bestimmten Ort eine Beobachtung machen, z. B. eine Uhr ablesen oder die Ankunft eines Lichtsignals registrieren, so nennen wir dies ein Ereignis oder auch *Punktereignis*. Das Auftreten eines Ereignisses ist nicht an die Anwesenheit eines Beobachters gebunden, es bedeutet lediglich die Markierung eines Zeit- und Orts-Punktes.

Ein *Zeitintervall* wird durch die Zeitkoordinate *zweier Ereignisse* begrenzt, die *am gleichen Ort* stattfinden. Um mit einer Uhr Zeitintervalle zu messen, muß diese sich am Ort dieser Ereignisse befinden. Man nennt deshalb die von der Uhr gemessene Zeit *Ortszeit*.
Zwei Ereignisse, die an verschiedenen Orten eines Inertialsystems stattfinden, bestimmen erst dann ein Zeitintervall, wenn die Zeitkoordinaten dieser Ereignisse mit zwei miteinander *synchronisierten Uhren* an den Orten dieser Ereignisse gemessen werden.
Sollen wir z. B. die Geschwindigkeit eines Autos messen, so benötigen wir zwei Uhren, die eine am Start, die andere am Ziel. Beide Uhren müssen „die gleiche Zeit“ anzeigen, sie müssen synchronisiert sein. Wie kann diese Synchronisation bewerkstelligt werden? Man könnte die beiden Uhren am Start auf die gleiche Zeit einstellen und die eine dann zum Ziel bringen. Nach obigem ist das aber nicht zulässig, da die Bewegung vom Start zum Ziel den Gang der Uhr ja beeinflussen könnte.
Die für den täglichen Gebrauch benutzten Uhren werden mit Hilfe eines Zeitzeichens, das regelmäßig mehrmals am Tag durch Radio ausgestrahlt wird, synchronisiert. Auch dieses Verfahren weist Mängel auf: Da das Radiosignal zur Ausbreitung eine gewisse Zeit benötigt, treten Zeitverschiebungen auf und der Gleichlauf der Uhren ist nicht gewährleistet.

Hätten etwa die Astronauten auf dem Mond ihre Uhren danach gestellt, so wären sie um mehr als $1\frac{1}{4}$ Sekunde nachgegangen. Wie läßt sich nun die Uhr der Astronauten mit den Uhren auf der Erde synchronisieren?

Um den Astronauten die Möglichkeit zu geben, auf dem Mond die gleiche Zeit zu messen wie auf der Erde, müssen zwei Bedingungen an ihre Uhr gestellt werden:

1. sie muß gleich schnell gehen wie die Uhr auf der Erde,
2. sie muß zu einem bestimmten Zeitpunkt die gleiche Zeit anzeigen wie die Erd-Uhr.

Das Einstellen der Uhr nach diesen Bedingungen nennen wir *Synchronisation*.

Die Lichtgeschwindigkeit ist die größte Geschwindigkeit, die wir kennen. Wir verwenden deshalb zur Synchronisation der „Mond"-Uhr Licht- oder Funksignale. Die erste Bedingung können wir erfüllen, wenn wir von der Erde in Sekundenabständen Taktimpulse zum Mond senden und die Ganggeschwindigkeit der „Mond"-Uhr danach einregeln. Da die Entfernung des Mondes von der Erde annähernd konstant ist und die Ausbreitungsgeschwindigkeit der elektromagnetischen Wellen keine zeitlichen Schwankungen aufweist, werden die Taktimpulse in den gleichen Zeitabständen, in denen sie ausgesendet werden, am Mond eintreffen.
Damit die Astronauten wissen, um wieviel sie ihre Uhr gegenüber dem ankommenden Lichtsignal vorstellen müssen, lassen wir den Lichtimpuls am Mond reflektieren und fangen ihn auf der Erde wieder auf. Die gesamte Laufzeit nennen wir die *Rückkehrzeit T des Signals*. Die Hälfte dieser Rückkehrzeit entspricht nun der Zeitdifferenz, um die das Signal verspätet am Mond ankommt. Wir sagen den Astronauten, daß sie ihre Uhr um diese Zeit $\frac{T}{2}$ vorstellen sollen. Die in dieser Weise synchronisierten Uhren zeigen die sog. „*Systemzeit*" an.

Unter der *Systemzeit* verstehen wir also die Zeit, die alle in einem Inertialsystem ruhenden und miteinander synchronisierten Uhren anzeigen.

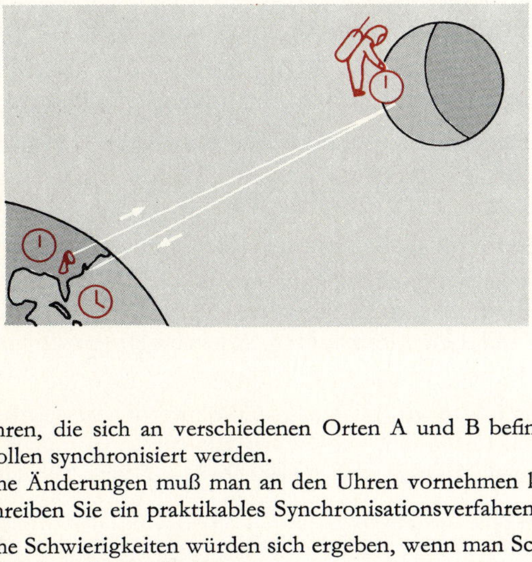

2.1 Synchronisation von Uhren

Aufgaben

2.1 Zwei Uhren, die sich an verschiedenen Orten A und B befinden, und zunächst nicht synchron gehen, sollen synchronisiert werden.
   a) Welche Änderungen muß man an den Uhren vornehmen können?
   b) Beschreiben Sie ein praktikables Synchronisationsverfahren.

2.2 a) Welche Schwierigkeiten würden sich ergeben, wenn man Schallwellen zur Synchronisation von Uhren verwenden wollte?
   b) Beim Start zum Kurzstreckenlauf wird praktisch die Stoppuhr auf die Startzeit synchronisiert. Wie ließe sich dies auch ohne Sichtverbindung zum Starter durchführen?
   c) Bei einer Schiffsregatta wird das Zeichen zum Start durch einen Böllerschuß gegeben. Was ist Ihre Meinung dazu?

2.3 Eine Raumsonde passiert auf ihrem Flug von der Erde weg zwei stationäre Raumstationen, die mit der Erde auf einer geraden Linie liegen.
   a) Von der Erde wird ein Funksignal zu den Raumstationen geschickt, dort reflektiert und kommt nach 3,2 min bzw. 4,5 min zurück. Welchen Abstand haben die Raumstationen?

b) Auf den (automatischen) Raumstationen befinden sich Uhren, mit denen die Dauer dieses Flugabschnittes gemessen werden soll. Welche Bedingungen müssen diese Uhren erfüllen? Wie können praktisch diese Bedingungen erfüllt werden?

c) Die Raumstationen senden beim Vorbeiflug der Raumsonde Funksignale zur Erde, die in einem Abstand von 10 min 24 s auf der Erde ankommen. Berechnen Sie die Geschwindigkeit der Raumsonde.

2.4 Eine Pendeluhr hat an einem Ort mit der Erdbeschleunigung $g = 9{,}81 \frac{\mathrm{m}}{\mathrm{s}^2}$ eine Schwingungsdauer von 2 s (Sekundenpendel; Pendellänge 1 m). Wie groß ist die Schwingungsdauer dieses Pendels in einer Rakete, welche mit der Beschleunigung $a = -3\,g$ von der Erdoberfläche weg startet?

2.3. Längenmessung

Die Messung von kurzen Strecken mit Maßstäben bedarf keiner großen Erläuterung und doch sind die Grundlagen dieses Meßverfahrens recht bedeutsam. Die Länge wird zunächst als Grundgröße eingeführt, indem eine *Längeneinheit* festgelegt und ein *Meßverfahren* definiert wird. Die Längeneinheit können wir durch den Abstand der Enden eines beliebigen Stabes festlegen.

Der Begriff „Länge" hat nur dann einen Sinn, wenn wir verschiedene Längen miteinander vergleichen können. Zwei Stäbe haben gleiche Länge, wenn man sie so aneinanderlegen kann, daß ihre Enden paarweise zusammenfallen. Wir können nicht zusammenfallende Strecken nur dann vergleichen, wenn diese beiden Stäbe auch dann noch gleiche Längen haben, wenn sie nicht mehr aneinanderliegen.

Wir müssen also fordern, daß ein Stab seine Länge nicht ändert, wenn man ihn an einen anderen Ort bringt, oder, was nicht selbstverständlich ist, wenn man ihn dreht.

Eine Strecke kann durch mehrfaches Anlegen des Einheitsmaßstabes gemessen werden.

Für größere Strecken ist dieses Verfahren nicht mehr brauchbar, hier ist die Messung der *Laufzeit eines Signals* wesentlich bequemer. Wie bei Radarmessungen verwenden wir als Signal eine elektromagnetische Welle, etwa ein Lichtsignal; dies hat den Vorteil,

1. daß wir zur Übertragung kein materielles Medium brauchen,
2. daß es das schnellste von allen bekannten Signalen ist und
3. daß wir im Vakuum stets mit einer konstanten Ausbreitungsgeschwindigkeit der Signale rechnen können.

Wir können also die Länge einer Strecke AB messen, indem wir vom Anfangspunkt A der Meßstrecke ein Lichtsignal absenden, dieses am Endpunkt B reflektieren lassen und in A wieder auffangen. Dabei wird die Rückkehrzeit T des Signals gemessen. Die Länge der gemessenen Strecke ist dann $l = \frac{c \cdot T}{2}$.

Dieses Verfahren wird vielfach praktisch angewandt; z.B. wurden genaueste Entfernungsmessungen mit Laserstrahlen zum Mond durchgeführt. (Genauigkeit im cm-Bereich!) Auch die Radarmessungen sind von dieser Art.

Es steht dem nichts im Wege, die Längenmessungen ganz auf diese Grundlage zu stellen, d.h. als Laufzeitmessung eines Lichtsignals zu definieren.

Die Festlegung der Längeneinheit 1 m als Vielfaches der Wellenlänge der roten Linie im Linienspektrum des Elements Krypton bedeutet im Grunde auch eine solche Laufzeitmessung. Wenn wir die Länge einer Strecke in Lichtwellenlängen angeben, so heißt das, daß wir abzählen, wieviele Lichtschwingungszeiten T vergehen, bis ein Lichtsignal die Meßstrecke durchläuft:

$$l = n \cdot \lambda = n \cdot T \cdot c$$

Aufgaben

2.5 Zur Auslotung von Meerestiefen wird das Echolotverfahren angewendet. Von einem Schallgeber am Schiffsrumpf wird ein Ultraschall-Impuls ausgesandt, der vom Meeresboden reflektiert und von einer Sonde am Schiffsrumpf aufgefangen wird. Von einem Oszilloskop wird der zeitliche Abstand zwischen Sendung und Empfang des reflektierten Impulses angezeigt.

a) Wie läßt sich daraus die Meerestiefe bestimmen?

b) Wie groß ist die Meerestiefe, wenn bei einer Schallgeschwindigkeit von 1400 $\frac{\text{m}}{\text{s}}$ im Meerwasser das Echo mit 4,2 s Verzögerung ankommt?

c) Wie ändert sich das Ergebnis, wenn noch berücksichtigt werden muß, daß das Schiff mit einer Geschwindigkeit von 27 Knoten (50 km/h) fährt?

2.6 Fledermäuse können mit Hilfe einer Ultraschall-Ortung Entfernung und Gestalt von Insekten oder Hindernissen feststellen. Da sie die Ultraschallwellen im Flug aussenden, erscheint der ausgesandte Ton durch den Dopplereffekt erhöht; da die Fledermaus der reflektierten Welle entgegenfliegt, erscheint ihr die Tonfrequenz zusätzlich erhöht.

a) Eine Fledermaus fliegt mit einer Geschwindigkeit von 14 $\frac{\text{m}}{\text{s}}$ und sendet einen Ultraschall-Impuls aus. Das Echo kommt mit einer Verzögerung von 0,035 s zurück. Welche Entfernung hat die Fledermaus in diesem Augenblick vom Hindernis $\left(\text{Schallgeschwindigkeit } 340\ \frac{\text{m}}{\text{s}}\right)$?

b) Der ausgesandte Ton hatte eine Frequenz von 83 kHz; welche Frequenzerhöhung nimmt die Fledermaus vor einem festen Hindernis wahr?

3. Relativistische Kinematik

3.1. Das Minkowski-Diagramm

Bevor wir nun aus diesen Überlegungen weitere Folgerungen ziehen, seien nochmals die *Grundpostulate* genannt:

(1) Alle physikalischen Gesetze gelten in jedem Inertialsystem in gleicher Weise, d.h. es gibt kein ausgezeichnetes Bezugssystem.
(2) Die Lichtgeschwindigkeit im Vakuum hat in jedem Inertialsystem den gleichen Wert c, unabhängig von einer Bewegung der Lichtquelle gegenüber diesem System.

Die in den Abschnitten 2.2. und 2.3. behandelten Verfahren zur Messung von Laufzeiten und Strecken bezogen sich auf den Fall, daß die Meßstrecken relativ zum Bezugssystem des Beobachters ruhen.
Es soll nun der Fall untersucht werden, daß die Meßstrecke in einem Inertialsystem S′ ruht, das sich mit konstanter Geschwindigkeit gegen ein zweites Inertialsystem S bewegt.
Die Messungen sollen dabei von einem Beobachter in S durchgeführt werden.
Im folgenden sind alle Größen des Inertialsystems S′ mit einem Strich (′) gekennzeichnet, alle Größen des Systems S sind ohne Strich angegeben.
Wir beschränken uns also auf geradlinige Bewegungen von S′ gegenüber S; eine solche kann in einem Zeit-Weg-Diagramm dargestellt werden. Da in einem solchen Diagramm nur die Bewegung in einer Richtung ausgedrückt werden kann, denken wir uns ein dreidimensionales, rechtwinkliges Koordinatensystem so in S und S′ gelegt, daß die x-Achse von S und die x'-Achse von S′ mit der Bewegungsrichtung zusammenfallen. Ebenso sollen die y- und die y'-Achse gleiche Richtung haben und gleichfalls die z- und die z'-Achse (Abb. 3.1).

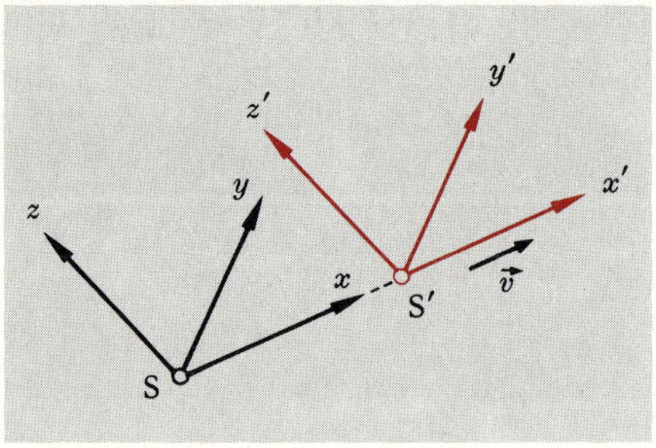

3.1 Gegeneinander bewegte Bezugssysteme

Die y- und z-Komponenten der Bewegung jedes Punktes von S′ sind dann stets Null. Die Geschwindigkeit, mit der sich das Inertialsystem S′ gegenüber S bewegt, sei v. Dann bewegt sich S gegenüber S′ mit $-v$. Wäre das nicht der Fall, so könnten wir nicht von einer Gleichberechtigung der beiden Systeme sprechen, wir hätten eine Unsymmetrie bezüglich der Bewegungsrichtung. Dies würde unserem Grundpostulat (1) widersprechen, nach dem alle Inertialsysteme physikalisch gleichwertig sind.

Wir fordern also:

Die Beträge der Geschwindigkeiten zweier Inertialsysteme gegeneinander sind unabhängig davon, von welchem dieser Inertialsysteme aus sie gemessen werden.

Wir betrachten nun wieder in den beiden gegeneinander bewegten Bezugssystemen S und S′ die räumlichen Koordinatensysteme x, y, z und x', y', z' und es stellt sich uns die Frage, wie man die Koordinaten eines Punktereignisses im System S′ durch die Koordinaten des gleichen Ereignisses im System S berechnen kann.
Zunächst läßt sich leicht überlegen, daß die zur Bewegungsrichtung senkrechten Koordinaten in beiden Systemen gleich sind, daß also $y' = y$ und $z' = z$ ist.
Zur Begründung betrachten wir auf der y-Achse des Systems S ein Lineal L der Länge y_0. Ein ebensolches Lineal L′ der Länge y_0' befindet sich auf der y'-Achse des Systems S′.
Solange S′ relativ zu S ruht, sei $y_0 = y_0'$.
Wir nehmen nun an, diese Gleichheit würde sich ändern, wenn sich das System S′ gegenüber S mit der Geschwindigkeit v bewegt, es sei etwa, von S aus gemessen $y_0' < y_0$.
Durch eine entsprechende Vorrichtung könnte man bewirken, daß das Lineal L′ beim Vorübergleiten auf dem Lineal L zwei Marken M_1 und M_2 anzeichnet, welche die von S aus gemessene Länge von L′ auf L markieren (Abb. 3.2 a).
Man könnte nun die beiden Lineale auch von S′ aus vergleichen. Das System S bewegt sich gegenüber S′ mit der Geschwindigkeit $-v$. In der gleichen Weise müßte dann auch von S′ aus das Lineal L verkürzt erscheinen, es würde auf dem Lineal L′ seine Länge $M_1'M_2'$ markieren (Abb. 3.2 b).

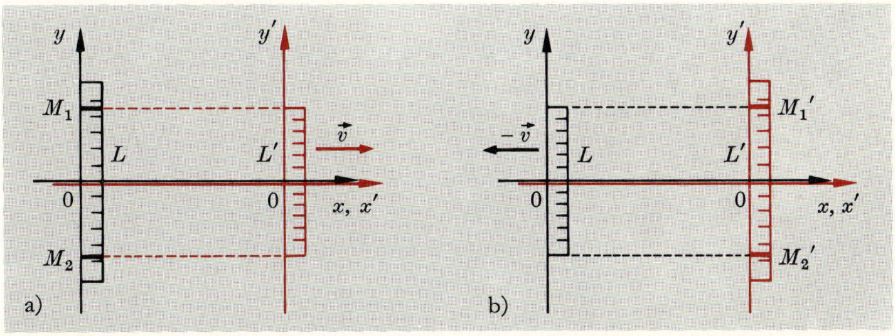

3.2 a) und b) Der jeweils bewegte Maßstab markiert auf dem ruhenden, daß er kürzer ist als dieser

Man erkennt, daß beides nicht gleichzeitig stattfinden kann; dies führt zu dem Schluß, daß beide Lineale ihre Längen nicht ändern, wenn man diese von einem bewegten Bezugssystem aus mißt.
Es ergibt sich also

$$y' = y \quad \text{und entsprechend} \quad z' = z.$$

Diese Tatsache soll an einem weiteren Beispiel nochmals veranschaulicht werden: Wir betrachten einen Eisenbahnwagen (System S′), der mit großer Geschwindigkeit auf Schienen des Systems S in Richtung der positiven x-Achse fährt.

Die Spurweite (Abstand der Räder) des Wagens sei, von S′ aus gemessen, genau dem Abstand der Schienen angepaßt.
Solange also der Zug mit konstanter Geschwindigkeit fährt, können sich die Fahrgäste in Sicherheit wiegen: Schienen und Räder passen zusammen (Abb. 3.2 c).
Wären nun Strecken senkrecht zur Bewegungsrichtung vom Bezugssystem abhängig, würde sich also die Spurweite des Wagens, wenn sie von S aus gemessen wird, ändern, z.B. verkleinern, so würde ein Beobachter am Bahnsteig den Wagen entgleisen sehen, weil der Radabstand $\Delta y'$ für ihn kleiner als der Schienenabstand Δy wäre (Abb. 3.2 d).

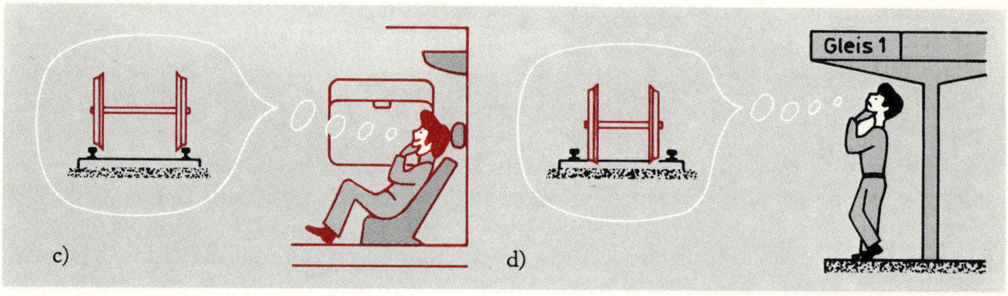

3.2 c) und d) Würden sich senkrecht zur Bewegungsrichtung Strecken ändern, so würde der Zug vom Bahnsteig aus gesehen entgleisen, während er vom Zug aus gesehen in den Schienen bleibt

Allein durch Wechsel des Beobachtungsstandpunktes von S′ nach S könnte man also den Zug zum Entgleisen bringen. Dies ist offensichtlich absurd, so daß wir schließen müssen:
In y-Richtung tritt beim Wechsel des Bezugssystems keine Längenänderung auf, oder allgemeiner:

Strecken senkrecht zur Bewegungsrichtung sind geschwindigkeitsinvariant.

Wir beschränken uns im folgenden auf *gleichförmige Bewegungen* in x-Richtung; der Graph, durch den die Bewegung eines Punktes von S′ *im t-x-Koordinatensystem* dargestellt wird, ist dann *eine Gerade* (Abb. 3.3).

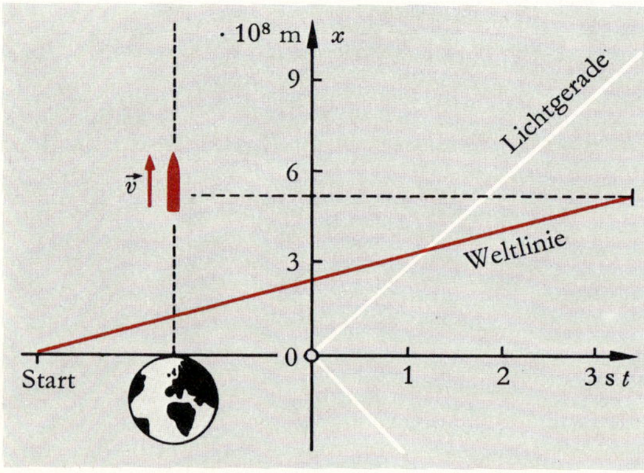

3.3 Gleichförmige Bewegung eines Körpers und „Lichtgerade"

In diesem t-x-Koordinatensystem kann auch die Ausbreitung des Lichtes in x-Richtung dargestellt werden.

Da die Lichtgeschwindigkeit die größte aller bekannten Geschwindigkeiten ist, verläuft die Gerade, die die Ausbreitung eines Lichtsignals in x-Richtung beschreibt, die *Lichtgerade*, steiler als die Zeit-Weg-Kurve irgend eines bewegten Körpers. Entsprechend fällt die Lichtgerade, die die Ausbreitung eines Lichtsignals in Richtung der negativen x-Achse beschreibt, steiler als jede andere Zeit-Weg-Kurve.

Die Maßeinheiten auf der t-Achse und auf der x-Achse sind im folgenden so gewählt, daß die Lichtgeraden unter einem Winkel von $\pm 45°$ gegen die x-Achse und die t-Achse von S verläuft (z.B. 1 s $\triangleq$ 1 cm auf der t-Achse und $3 \cdot 10^8$ m $\triangleq$ 1 cm auf der x-Achse). Nach H. Minkowski[1]) nennt man eine Darstellung nach Abb. 3.3 ein *Minkowski-Diagramm*.

Die Linie, welche in diesem Koordinatensystem die Bewegung eines Massenpunktes darstellt, nennt man seine *Weltlinie*.

Die Weltlinie ist also die graphische Darstellung der räumlichen Lage eines Massenpunktes als Funktion der Zeit.

Befinden wir uns im Nullpunkt unseres eigenen Bezugssytems, so fällt unsere Weltlinie im Minkowski-Diagramm mit der t-Achse zusammen.

Aufgaben

3.1 In Abbildung 3.4 ist ein Auszug aus einem graphischen Fahrplan wiedergegeben. Bestimmen Sie die Geschwindigkeiten der drei Züge.

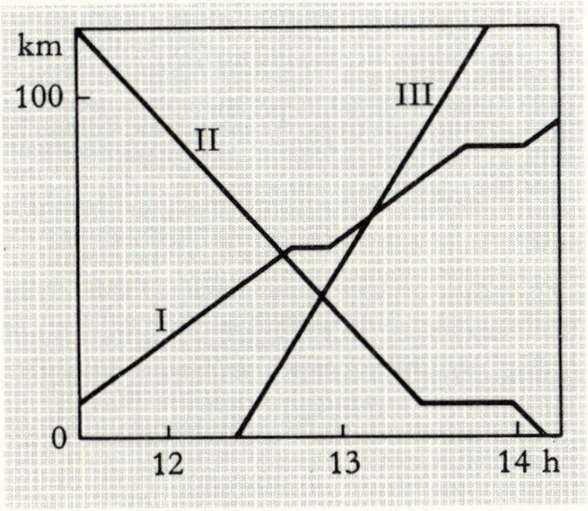

3.4 Graphischer Fahrplan zur Aufgabe 3.1

3.2 In einem Fluß mit der Strömungsgeschwindigkeit $v_0 = 3\,\frac{\text{m}}{\text{s}}$ wird von einem mit konstanter Geschwindigkeit $v = 8\,\frac{\text{m}}{\text{s}}$ stromab fahrendem Boot an der Stelle P ein Rettungsring in das Wasser geworfen. 60 s danach wendet das Boot und fährt mit gleichem Antrieb stromauf.

a) Stellen Sie die Bewegungen von Rettungsring und Boot im raum-zeitlichen Bezugssystem des Punktes P dar (Weltlinien).

b) Zeichnen Sie die Bewegung des Bootes und des Punktes P im raum-zeitlichen Bezugssystem des Rettungsringes.

c) Zeichnen Sie die Bewegungen des Rettungsringes und des Punktes P im raum-zeitlichen Bezugssystem des Bootes.

---

[1]) Hermann Minkowski, deutscher Mathematiker (1864—1909), veröffentlichte 1909 bedeutende Beiträge zur Relativitätstheorie.

d) Entnehmen Sie aus den Diagrammen die Entfernungen des Bootes von Rettungsring und von P nach insgesamt 90 s.

e) Nach welcher Zeit erreicht das Boot den Rettungsring wieder?

3.3 a) Zeichnen Sie das Minkowski-Diagramm eines Massenpunktes, der sich mit der Geschwindigkeit $v = 0{,}5\,c$ gegen das System S (dargestellt durch ein t-x-Koordinatensystem; t- und x-Achse orthogonal) bewegt.
Wählen Sie als Einheiten auf der t- bzw. x-Achse 10^{-8} s $\triangleq$ 1 cm, 3 m $\triangleq$ 1 cm und zeichnen Sie die Lichtgeraden ein.

b) Zeichnen Sie den gleichen Vorgang mit den Einheiten 10^{-8} s $\triangleq$ 1 cm, 1 m $\triangleq$ 1 cm.

c) Wählen Sie die Einheiten wie bei a), verwenden Sie jedoch ein schiefwinkliges Koordinatensystem mit einem Winkel von 60° zwischen t- und x-Achse.

3.2. Die Relativität der Zeit

Es soll nun angenommen werden, ein Raumschiff bewege sich mit sehr großer Geschwindigkeit v relativ zu unserem Bezugssystem S in Richtung der positiven x-Achse. Entlang der x-Achse seien Uhren aufgestellt, die alle miteinander synchronisiert worden sind. Wenn das Raumschiff den Nullpunkt O überfliegt, sollen alle Uhren unseres Bezugssystems die Zeit Null anzeigen. Wir wissen noch nicht, ob die Zeit im Raumschiff ebenso abläuft wie in unserem Bezugssystem; wir können uns aber im Raumschiff eine Uhr denken, die beim Überfliegen des Punktes O ebenfalls auf die Zeit Null eingestellt wird. Auf diese Weise kann die Raumschiff-Zeit stets mit unserer Systemzeit verglichen werden.

Hat das Raumschiff den Nullpunkt (O) überflogen, so soll ihm zur Zeit t_1 ein Lichtsignal γ_1 nachgeschickt werden (Abb. 3.5). Sobald das Lichtsignal beim Raumschiff ankommt (t_2), geht von dort ein Lichtsignal γ_2 nach O zurück; es möge zur Zeit t_3 dort ankommen. Zur gleichen Zeit wird ein drittes Signal γ_3 dem Raumschiff nachgeschickt und erreicht dieses zum Zeitpunkt t_4.

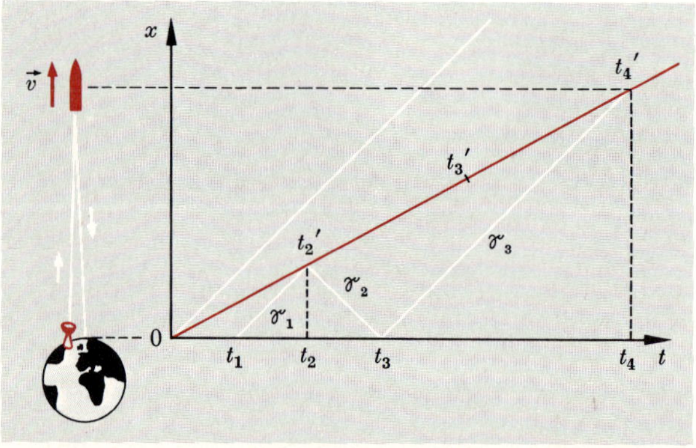

3.5 Lichtsignale laufen zum Raumschiff und wieder zurück

Da nach Voraussetzung die Lichtgeschwindigkeit immer die gleiche ist, brauchten das Signal γ_1 zum Raumschiff und das Signal γ_2 vom Raumschiff zurück die gleiche Zeit, t_1 und t_3 liegen also symmetrisch zu t_2 und es ist $t_2 = \frac{1}{2}(t_1 + t_3)$. (1)

Wegen der Gleichberechtigung der Inertialsysteme kann die gleiche Überlegung vom

Raumschiff aus gemacht werden. Der Nullpunkt O von S bewegt sich dann mit der Geschwindigkeit $-v$ gegen das Raumschiff.

Ein Beobachter im Raumschiff wird dann sagen, $\mathcal{S}_2$ und $\mathcal{S}_3$ legen den gleichen Weg zurück; $\mathcal{S}_2$ geht vom Raumschiff zum Punkt O, $\mathcal{S}_3$ von dort wieder zurück zum Raumschiff. Da er das Raumschiff als ruhend, den Bezugspunkt O als bewegt betrachtet, sind für ihn die Lichtwege von $\mathcal{S}_2$ und $\mathcal{S}_3$ gleich lang. Damit liegen für ihn t_2' und t_4' symmetrisch zu t_3' (dem Zeitpunkt, zu dem das Signal bei O ankommt).

t_3' muß also, vom Raumschiff aus gesehen, übereinstimmen mit dem zeitlichen Mittel von t_2' und t_4'; also ist

$$t_3' = \frac{1}{2}\,(t_2' + t_4')\,.$$

Während also ein Beobachter im Raumschiff (S') für den Zeitpunkt des Eintreffens des Lichtsignals $\mathcal{S}_2$ in O $t_3' = \frac{1}{2}\,(t_2' + t_4')$ mißt, also die Mitte zwischen t_2' und t_4', berechnet ein Beobachter in S, daß der Zeitpunkt dieses Ereignisses t_3 wesentlich früher liegt als die Mitte zwischen t_2 und t_4, den Zeitpunkten, in denen die Signale $\mathcal{S}_2$ und $\mathcal{S}_3$ vom Raumschiff ausgehen bzw. dort ankommen.

Was für S' gleichzeitig ist, ist für S nicht gleichzeitig.

Wie läßt sich dieser scheinbare Widerspruch erklären?

Zuerst wollen wir uns überlegen, was für einen Beobachter in S „gleichzeitig" ist und was für einen Beobachter in S' „gleichzeitig" ist.

In S gleichzeitige Ereignisse (man spricht hier besser von „Punktereignissen", weil sie einen räumlichen Punkt und einen Zeitpunkt bezeichnen) *liegen im Minkowski-Diagramm auf Geraden parallel zur x-Achse;* alle Parallelen zur x-Achse sind für einen Beobachter in S *Gleichzeitigkeitslinien*. (Entsprechend könnte man die Parallelen zur t-Achse als „*Gleichortigkeitslinien*" bezeichnen.)

Das bedeutet: Wir erhalten den Ort x_0 eines beliebigen in S bewegten Körpers zum Zeitpunkt t_0, wenn wir seine Weltlinie mit der zu t_0 gehörigen Gleichzeitigkeitslinie, das ist die Parallele zur x-Achse mit $t = t_0$, zum Schnitt bringen.

Die durch t_2 und t_2' (bzw. t_4 und t_4') dargestellten Punktereignisse finden also für einen Beobachter in S jeweils gleichzeitig statt.

Unsere Überlegung hat uns aber gezeigt, daß für die Raumschiffbesatzung die mit t_3 und t_3' bezeichneten Punktereignisse gleichzeitig stattfinden. Für das Inertialsystem S' geht also eine Gleichzeitigkeitslinie durch die hiermit gekennzeichneten Punkte.

Wir erkennen, daß ein Beobachter in S' unter „gleichzeitig" etwas anderes versteht als ein Beobachter in S.

Der Begriff der Gleichzeitigkeit hat nur relativ zu einem Inertialsystem einen Sinn; eine absolute Gleichzeitigkeit gibt es nicht.

Es soll nun auch das Raumschiff mit einem t'-x'-Koordinatensystem ausgestattet werden. Da das Raumschiff zu sich selbst ruht, ist seine Weltlinie in S die Zeitachse im eigenen Bezugssystem S'. Wir bezeichnen sie mit t'; auf ihr ist $x' = 0$.

Das Wertepaar (t_0'; 0) auf der t'-Achse beschreibt den Ort des Raumschiffes, der ja mit O', identisch ist, zum Zeitpunkt t_0'.

Die x-Achse ist für S eine Gleichzeitigkeitslinie; entsprechend muß die x'-Achse für S' eine Gleichzeitigkeitslinie sein.

Wir betrachten z.B. den Nullpunkt des Koordinatensystems von S' zum Zeitpunkt t_3'; dann muß die x'-Achse mit der durch t_3 und t_3' bestimmten Gleichzeitigkeitslinie zusammenfallen.
Alle Parallelen dazu sind ebenfalls Gleichzeitigkeitslinien.
Auch hier gilt wieder: Der Schnittpunkt einer beliebigen Weltlinie mit der zu $t' = t_0'$ gehörenden Gleichzeitigkeitslinie (Parallele zur x'-Achse) gibt den Ort des zu dieser Weltlinie gehörenden Körpers zur Zeit t_0' an.
Wegen der Wahl der Einheiten in unserer Darstellung des t-x-Koordinatensystems halbiert die Lichtgerade den Winkel zwischen der t- und der x-Achse.

Aus Abbildung 3.6 läßt sich leicht entnehmen, daß die Lichtgerade auch den Winkel zwischen der t'- und der x'-Achse halbiert ($\mathfrak{r}_2$ und $\mathfrak{r}_3$ sind Seiten, AB und die t'-Achse Diagonalen eines Rechtecks).
Das raum-zeitliche Bezugssystem von S' ist also ein schiefwinkeliges Koordinatensystem, wenn für S ein rechtwinkeliges Koordinatensystem verwendet wird.

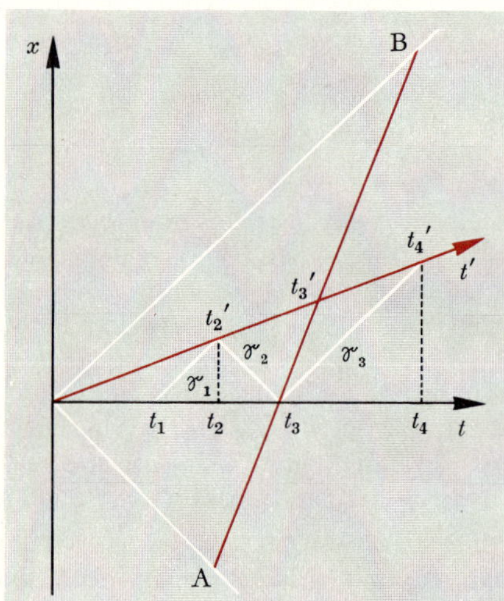

3.6 Zur Gleichzeitigkeit im Bezugssystem des Raumschiffes. Alle Punktereignisse auf der Geraden AB sind für S' gleichzeitig

Aufgaben

3.4 Ein utopisches Raumschiff passiert mit einer Geschwindigkeit von 0,6 c die Erde. Im Augenblick der Begegnung werden die Uhren auf der Erde und im Raumschiff auf Null gestellt.
Zur Erd-Zeit $t_1 = 0{,}5$ s wird dem Raumschiff von der Erde aus ein Lichtsignal nachgeschickt; dieses wird vom Raumschiff reflektiert und auf der Erde wieder empfangen, worauf sofort ein zweites Lichtsignal abgeschickt wird (entsprechend Abb. 3.5).

a) Stellen Sie die Bewegung des Raumschiffes und die Lichtsignale im raum-zeitlichen Bezugssystem der Erde dar (1 s $\triangleq$ 2 cm; $3 \cdot 10^8$ m $\triangleq$ 2 cm).

b) Wie weit ist das Raumschiff von der Erde entfernt, wenn es das erste Lichtsignal empfängt? Zu welcher Zeit t_3 erreicht dieses Lichtsignal die Erde wieder? Zu welcher Erdzeit t_2 hatte das Signal also das Raumschiff erreicht?

c) Welche Zeit t_4 zeigt die Uhr auf der Erde an, wenn das zweite Lichtsignal das Raumschiff erreicht?

d) Für die Raumschiffbesatzung ist der Zeitpunkt t_3 gleichzeitig mit der Mitte (t_3') zwischen den Ankunftzeiten der beiden Lichtsignale. Welcher zeitliche Abstand ergibt sich für den Erdbeobachter zwischen t_3 und t_3'?

3.5 a) Zeichnen Sie die in Aufgabe 3.4 beschriebenen Vorgänge bezogen auf das System des Raumschiffes (t'- und x'-Achsen orthogonal, Einheiten beliebig). Auf welchen Geraden liegen Ereignisse, die für das Bezugssystem des Raumschiffes gleichzeitig stattfinden?

b) Suchen Sie Punktereignisse, die für das Bezugssystem der Erde gleichzeitig sind und zeichnen Sie damit die x-Achse dieses Systems.

3.6 Ein Auto entfernt sich mit der Geschwindigkeit v von einem Beobachter A. Zur Zeit t_1 nach der Abfahrt wird ein Ultraschall-Impuls nachgeschickt, dessen Echo zur Zeit t_2 zurückkommt. Geben Sie eine Formel an für die Entfernung, die das Auto zum Zeitpunkt t_2 von A hat.

3.3. Die Zeitdilatation

Wenn es keine absolute Gleichzeitigkeit gibt, läßt sich dann wenigstens eine Beziehung herstellen zwischen den in S und S′ gemessenen Zeiten?

Wir nehmen wieder an, daß in dem Augenblick, in dem das Raumschiff den Nullpunkt des Bezugssystems in S passiert, alle Uhren in S und die Uhr des Raumschiffs auf den Zeitpunkt Null gestellt werden.
Um den Zusammenhang zwischen t und t' zu finden, soll angenommen werden, daß beim Passieren des Nullpunktes O durch das Raumschiff nach allen Seiten ein Lichtsignal ausgestrahlt wird. Zusätzlich zur Ausbreitung in der $\pm\, x$-Richtung soll jetzt auch noch die Ausbreitung des Lichtsignals in der $\pm\, y$-Richtung betrachtet werden. Es muß also ein räumliches t-x-y-Koordinatensystem gezeichnet werden, in dem sich als Graph der Lichtausbreitung ein sogenannter *Lichtkegel* ergibt (Abb. 3.7).
Dieser im t-x-y-System gezeichnete Lichtkegel stellt symbolisch die kugelförmige Ausbreitung des Lichtes im Raum dar; in der Beschränkung auf die x-y-Ebene ergibt das einen Kreis, dessen Radius sich, mit zunehmendem t, mit Lichtgeschwindigkeit vergrößert.

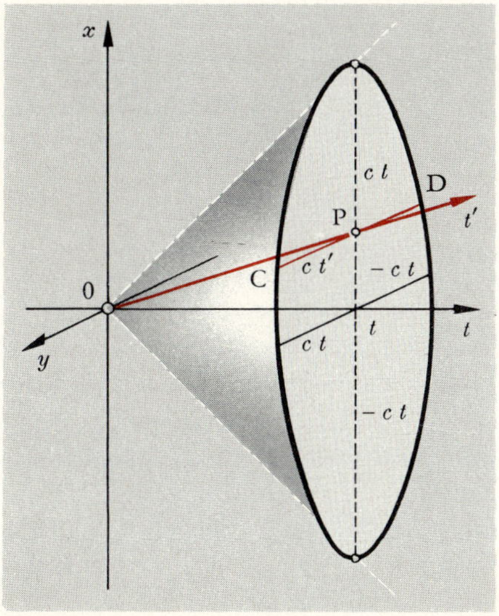

3.7 Lichtkegel und Gleichzeitigkeits-„ebene" im Bezugssystem der Erde (S)

Die Maßeinheiten auf den Koordinatenachsen sind so gewählt, daß die Mantellinien dieses Kegels mit der t-Achse einen Winkel von 45° einschließen.
In der Zeit t hat sich das Licht um $c \cdot t$ in $\pm x$-Richtung und $\pm y$-Richtung vom Ausgangspunkt O entfernt.

Wenn wir nun angeben können, wie weit sich das Licht in der entsprechenden Zeit t' vom Raumschiff entfernt hat, können wir daraus einen Zusammenhang zwischen t und t' herleiten, da ja wegen PKUL diese Entfernung $c \cdot t'$ ist.
Aus dem Relativitätsprinzip folgt, daß sich auch bezüglich des Raumschiffes das Licht nach allen Seiten gleichweit ausgebreitet haben muß. Befindet sich das Raumschiff in P (Zeit-Orts-Koordinate), so muß insbesondere von diesem Ereignispunkt aus das Lichtsignal in $+ x'$- und $- x'$-Richtung gleich weit entfernt sein.

Aus 3.2., Abb. 3.6 wissen wir, daß alle Ereignisse, die für das Raumschiff gleichzeitig stattfinden, auf einer Parallelen zur Geraden AB dargestellt werden, also auf einer Parallelen zur x'-Achse von S'; die Schnittpunkte A und B dieser Geraden mit dem Lichtkegel geben also an, wie weit das Lichtsignal sich vom Raumschiff in $+ x'$- und $- x'$-Richtung in der Raumschiffzeit t_3' entfernt hat (Abb. 3.8).

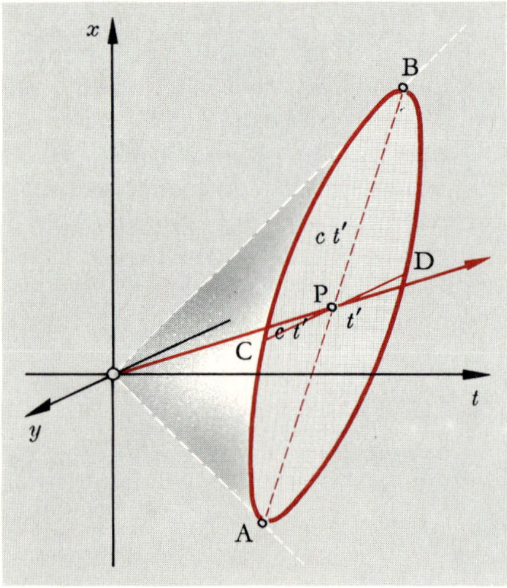

3.8 Lichtkegel und Gleichzeitigkeitsebene im Bezugssystem des Raumschiffes (S')

Es ist $\quad |PA| = |PB| = c\,t'$.

Wie groß t' ist, läßt sich ermitteln, wenn man auch noch die Lichtausbreitung in y-Richtung betrachtet. Da die Bewegung des Raumschiffes nur in x-Richtung erfolgt, können wir annehmen, daß in y-Richtung die Maßstäbe nicht verändert werden, daß also die Lichtausbreitung vom Raumschiff aus wie vom Bezugspunkt O aus erfolgt.

Die Punkte, in denen das Lichtsignal zur Zeit t' angekommen ist, liegen auf dem Lichtkegel, gleichzeitig aber in einer Ebene, die durch die Geraden AB und eine Parallele zur y-Achse durch P gegeben ist.

Die Schnittkurve ist eine Ellipse mit der großen Halbachse AB (Abb. 3.8). Die kleine Halbachse dieser Ellipse (parallel zur y-Achse) gibt an, wie weit sich das Lichtsignal vom Raumschiff weg ausgebreitet hat.

In y-Richtung bleiben Strecken unverändert; als Längenmaßstab auf der kleinen Halbachse der Ellipse können wir also den gleichen verwenden, den wir auch auf den Achsen des Systems S, z.B. auf der x-Achse verwendet haben.
Aus der Strecke PD, welche das Lichtsignal in der Zeit t' vom Raumschiff aus zurückgelegt hat, läßt sich dann die Zeit t' berechnen, welche die Raumschiffuhr anzeigt.

Aus dem zur t-Achse senkrechten Schnitt des Lichtkegels durch P (Abb. 3.9) ergibt sich durch Anwendung des Höhensatzes für die Strecke PD ($= c \cdot t'$)

$$(c\,t')^2 = (c\,t + v\,t)\,(c\,t - v\,t);$$

$$c^2\,t'^2 = (c\,t)^2 - (v\,t)^2.$$

Daraus folgt für t':

$$t' = \frac{t}{c} \cdot \sqrt{c^2 - v^2}$$

$$\boxed{t' = t \cdot \sqrt{1 - \frac{v^2}{c^2}}} \qquad (1)$$

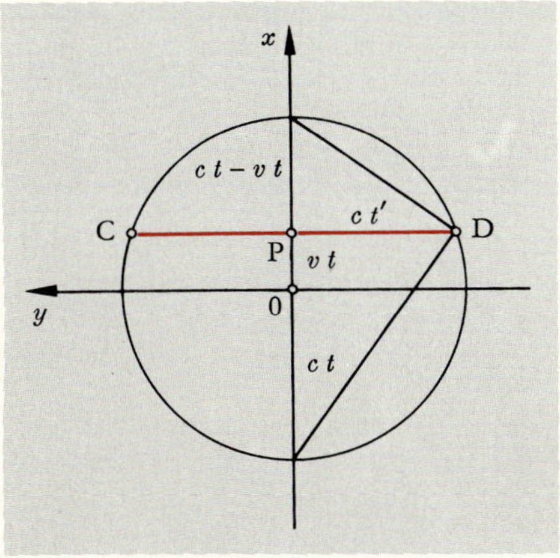

3.9 Vergleich der in den beiden Systemen S und S′ vom Lichtimpuls zurückgelegten Strecken *ct* und *ct′*

Die im Raumschiff mitbewegte Uhr zeigt also, obwohl sie zum Zeitpunkt $t = 0$ mit einer Uhr des Systems S gleichgestellt worden war, für den Beobachter in S in der Folge stets eine kleinere Zeit an als die Systemuhren in S, an denen sie sich gerade vorbeibewegt.

Diese Erscheinung nennt man die *Zeitdilatation.*

Dieses Ergebnis bedeutet verallgemeinert:

Eine Uhr geht stets langsamer als die miteinander synchronisierten Uhren eines Inertialsystems, an denen sie sich vorbeibewegt und mit denen sie von diesem Inertialsystem aus verglichen wird.

Unter „Uhr“ ist dabei jeder physikalische und auch nicht physikalische (z.B. biologische) Vorgang gemeint.

Durch die Wahl eines zur t-Achse senkrechten (also zur x-y-Ebene parallelen) Schnitts des Lichtkegels für die Betrachtungen hat man den Standpunkt des Beobachters in S gewählt, d.h. *dessen* Rechnung durchgeführt. Diese Rechnung fällt für den Raumfahrer anders aus (er betrachtet einen Schnitt parallel zur x'-y'-Ebene, vgl. Abb. 3.8). Wenn er eine Uhr des Systems S mit einer Reihe von miteinander synchronisierten Uhren im Raumschiff S' vergleicht, muß sein Ergebnis (wegen der Vertauschbarkeit der gleichberechtigten Bezugssysteme S und S') entsprechend lauten:

$$t = t' \cdot \sqrt{1 - \frac{v^2}{c^2}}$$

Die letzte Gleichung beschreibt also die Beobachtung des Beobachters in S', die obige die des Beobachters in S. Beide Gleichungen gehen also nicht durch Auflösen nach y bzw. nach y' ineinander über!

Aufgaben

3.7 Ein Raumschiff bewegt sich mit einer Geschwindigkeit von 0,75 c von der Erde weg.
   a) Zeichnen Sie ein Minkowski-Diagramm mit den Maßen 1 s $\triangleq$ 2 cm, $3 \cdot 10^8$ m $\triangleq$ 2 cm, und die Raum-Zeit-Koordinaten des Raumschiffes 3 Sekunden nach dem Passieren der Erde.
   b) Zeichnen Sie Gleichzeitigkeitspunkte für das Bezugssystem des Raumschiffes ein und konstruieren Sie damit die x'-Achse. Bestimmen Sie durch Konstruktion die Zeiteinheit auf der t'-Achse.
   c) Ermitteln Sie aus der Zeichnung, welche Zeit auf dem Raumschiff seit dem Passieren der Erde vergangen ist.

3.8 Berechnen Sie mit den Angaben von Aufgabe 3.4 die Raumschiffzeiten, in denen die beiden Lichtsignale das Raumschiff erreichen. Welche Raumschiffzeit entspricht dem Punktereignis t_3 (Rückkunft des ersten Lichtsignals)?

3.9 (Aus einer Abiturprüfungsaufgabe 1976)
Relativ zu einem System mit dem Ursprung A bewegt sich ein System S' mit dem Ursprung B mit der Geschwindigkeit $v = 0{,}6\,c$ in Richtung zunehmender x-Werte. Die Ortsachsen beider Systeme sind gleich orientiert. Die Uhren beider Systeme werden bei der Begegnung von A und B auf Null gestellt.
Ein von A zur S-Zeit $t_1 = 0{,}20$ s ausgehendes Lichtsignal passiert B zur S'-Zeit t_{I}', wird an einem Spiegel im Ereignispunkt P zur S-Zeit $t_P = 1{,}3$ s reflektiert, trifft in B zur S'-Zeit t_{II}' und in A zur S-Zeit t_2 ein.
   a) Stellen Sie den Vorgang in einem Minkowski-Diagramm dar. Wählen Sie die Einheiten so, daß die Lichtlinien unter 45° zur Zeitachse verlaufen.
   b) Berechnen Sie die Ankunftszeit t_2 des Lichtsignals in A und die Ortskoordinate des Reflektionspunktes im S-System. Ermitteln Sie die Zeiten t_{I}' und t_{II}', in denen das Lichtsignal den Punkt B passiert.
   c) Zu welcher Zeit t_P' erfolgt die Reflexion des Lichtsignals im S'-System?

3.10 Ein Raumschiff passiert um 0 Uhr Erd- und Raumschiff-Zeit mit der Geschwindigkeit 0,6 c die Erde.
   a) Um 0.20 Uhr Raumschiffzeit passiert das Raumschiff eine Raumstation, deren Lage relativ zur Erde konstant ist und deren Uhren Erdzeit zeigen. Welche Zeit zeigen beide Uhren an? Wie weit ist die Station von der Erde entfernt?
   b) Ebenfalls um 0.20 Uhr Raumschiffzeit sendet das Raumschiff ein Funksignal zur Erde; zu welcher Erdzeit kommt es dort an?
   c) Die Bodenstation antwortet sofort. Zu welcher Raumschiffzeit kommt das Antwortsignal beim Raumschiff an?

3.11 Eine Lichtquelle sendet in periodischen Zeitabständen Δt_0 Lichtimpulse aus. In welchen Zeitabständen sieht ein sich mit der Geschwindigkeit v von der Lichtquelle entfernender Beobachter diese Lichtimpulse?

3.12 Einstein bediente sich zur Erläuterung seiner Gedanken der sogenannten Lichtuhr: In einem Kasten befinden sich an zwei gegenüberliegenden Seiten Spiegel, zwischen denen eine Lichtwelle hin und her läuft. Dies ist ein periodischer Vorgang, kann also zur Zeitmessung verwendet werden. Die Zeitdauer zwischen zwei Reflexionen der Lichtwelle sei t_0, der Abstand der Spiegel ist dann $c \cdot t_0$. Bewegt sich nun der Kasten mit der Geschwindigkeit v senkrecht zu den Lichtstrahlen, so stellt ein außenstehender Beobachter folgenden Lichtweg fest (Abb. 3.10).

a) Warum mißt der Beobachter zwischen zwei Reflexionen eine andere Zeit als t_0?

b) Leiten Sie einen Zusammenhang her zwischen dieser, von dem außenstehenden Beobachter gemessenen Zeit und t_0.

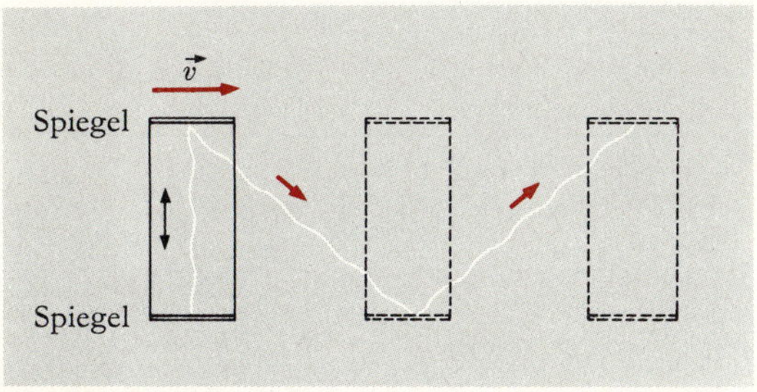

3.10 Einsteins „Lichtuhr" zur Aufgabe 3.12

3.4. Das k-Kalkül

3.4.1. Der lineare Zusammenhang

Die Zeitdilatation ist eine unmittelbare Folge der endlichen und konstanten Ausbreitungsgeschwindigkeit des Lichtes. Wir können sie deshalb als Grundlage ansehen für alle weiteren Aussagen der speziellen Relativitätstheorie.

Wegen seiner großen Bedeutung soll dieses Problem noch unter einem anderen Gesichtspunkt betrachtet werden. Es wird also für die Herleitung der Zeitdilatation ein anderer Weg beschritten als in Abschnitt 3.3. Während im vorhergehenden Abschnitt die geometrische Anschauung im Vordergrund stand, sollen jetzt mehr formale Überlegungen die Grundlage bilden.

Wir betrachten wieder ein Inertialsystem S', welches sich gegenüber dem Inertialsystem S mit der Geschwindigkeit v in Richtung der positiven x-Achse bewegt.

Zum besseren Verständnis stelle man sich einen Eisenbahnzug vor, der mit sehr hoher Geschwindigkeit einen sehr langen Bahnsteig entlang fährt (*Einsteinzug*).
Entlang des Bahnsteiges seien Uhren aufgestellt, die alle miteinander synchronisiert sind; an der Spitze des Zuges befindet sich ebenfalls eine Uhr, die in dem Augenblick, in dem sie der ersten Bahnsteiguhr begegnet, mit dieser auf die gleiche Zeit $t' = t = 0$ eingestellt wird (Abb. 3.11).
Wir wissen bereits, daß im weiteren Verlauf die Uhr im Zug nicht mehr die gleiche Zeit anzeigt wie die Bahnsteiguhren, an denen sie vorbeifährt, daß vielmehr $t' \neq t$ ist für $t > 0$.

Wir wollen uns nun klarmachen, daß zwischen entsprechenden Zeitintervallen Δt und $\Delta t'$ ein linearer Zusammenhang bestehen muß. In einem anderen Fall würde nämlich die gleichförmige Bewegung, die der Zug, vom Bahnsteig aus betrachtet, ausführt, von einem Beobachter im Zug nicht mehr als gleichförmige Bewegung des Bahnsteiges am Zug entlang registriert.

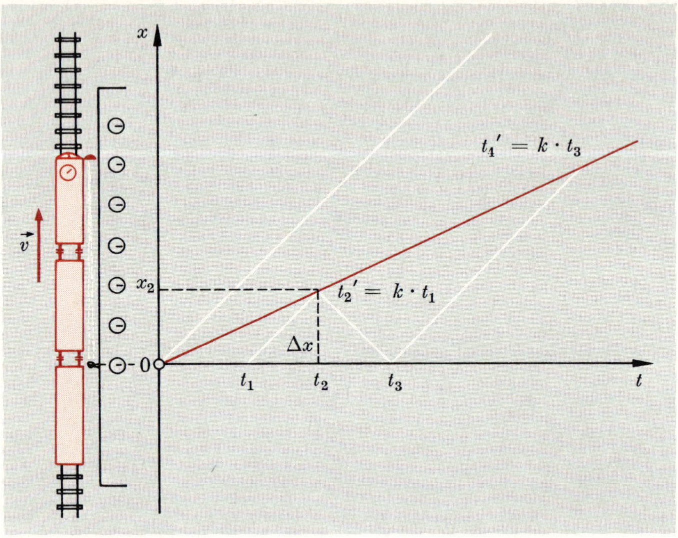

3.11 Zur Herleitung des k-Faktors

Eines der beiden Systeme, Zug oder Bahnsteig, könnte dann kein Inertialsystem sein, während doch gerade dies vorauszusetzen war.

Auch aus einer experimentellen Erfahrung läßt sich dieser lineare Zusammenhang schließen. Eine monochromatische Lichtwelle, die von einem relativ zur Erde bewegten Stern ausgestrahlt wird, kommt bei uns im allgemeinen mit etwas veränderter, aber konstanter Frequenz an. Wir erkennen das an der sogenannten Rotverschiebung der Spektrallinien sehr weit entfernter Spiralnebel. Die Schwingungen des Lichtes stellen eine periodische Signalfolge dar. Würde zwischen dem Zeitablauf auf dem Spiralnebel und dem auf unserer relativ dazu bewegten Erde kein linearer Zusammenhang bestehen, so würden wir keine konstante Frequenzverschiebung beobachten, die Frequenz würde sich vielmehr entsprechend dem sich ändernden Zeitablauf ebenfalls ändern.

Um nun den Zusammenhang zu finden zwischen der von der Zuguhr angezeigten Zeit und der von den Bahnsteiguhren angezeigten Zeit, gehen wir wieder vor wie in 3.3., und schicken dem Zug zum Zeitpunkt t_1 ein Lichtsignal hinterher. Dies möge zum Zeitpunkt t_2' (Zugzeit) die Zugspitze erreichen und sofort von dort reflektiert werden. Abb. 3.11 stellt das Minkowski-Diagramm dieses Vorgangs dar.
Zwischen t_1 und t_2' können wir nach obiger Überlegung ansetzen:

$$t_2' = k \cdot t_1 \tag{1}$$

Zum Zeitpunkt t_3, in dem das Signal zurückkommt, soll ein zweites Signal dem fahrenden Zug nachgeschickt werden und ihn zur „Zug"-Zeit t_4' erreichen.
Für die Zeiten, die durch dieses Signal markiert werden, gilt dann aus dem gleichen Grund wie (1)

$$t_4' = k \cdot t_3 \,. \tag{2}$$

3.4.2. Die Symmetrie der Geschwindigkeiten

Steht der Zug, so zeigen die Uhren im Zug und am Bahnsteig stets gleiche Zeit an; es ist also $k = 1$ für $v = 0$.

Daraus schließen wir, daß k von der Geschwindigkeit v des Zuges abhängig ist. v kann aus der Laufzeit des ersten Lichtsignals bestimmt werden (Abb. 3.11)

aus $\Delta x = x_2 = \frac{1}{2} c\,(t_3 - t_1)$ und $\Delta t = t_2 = \frac{1}{2}(t_3 + t_1)$ folgt

$$v = \frac{\Delta x}{\Delta t} = \frac{c \cdot (t_3 - t_1)}{t_3 + t_1}. \qquad (3)$$

Diese Geschwindigkeit des Zuges wird man vom Bahnsteig aus messen. Die Signale erlauben aber auch, die Geschwindigkeit vom Zug aus zu messen:
Zum Zeitpunkt t_2' geht ein Signal vom Zug aus und kommt zum Zeitpunkt t_4' wieder zurück. Dann ist analog zur vorhergehenden Herleitung (t_3 ist durch t_4' und t_1 durch t_2' zu ersetzen)

$$v' = c \cdot \frac{t_4' - t_2'}{t_4' + t_2'}$$

und mit den Beziehungen (1) und (2):

$$v' = c \cdot \frac{k \cdot t_3 - k \cdot t_1}{k \cdot t_3 + k \cdot t_1} = v$$

In dieser Herleitung wurden nur die Beträge von v und v' berücksichtigt. Tatsächlich haben v und v' entgegengesetzte Richtung.

Die *Symmetrie der Geschwindigkeiten*, die wegen der Gleichberechtigung der Bezugssysteme gefordert werden muß, ist also gewährleistet, wenn man Proportionalität von t und t' annimmt.

Zur Berechnung des Faktors k verwenden wir wieder die Vertauschbarkeit der Bezugssysteme. Entsprechend Gleichung (1) gilt für das Eintreffen des vom Zug zum Bahnsteig gehenden Lichtsignals:

$$t_3 = k \cdot t_2' = k \cdot k \cdot t_1 \qquad (5)$$

Aus (3) und (5) läßt sich nun der Faktor k bestimmen:

$$v = c\,\frac{t_3 - t_1}{t_3 + t_1};$$

$$\frac{v}{c} = \frac{(k^2 - 1) \cdot t_1}{(k^2 + 1) \cdot t_1} \quad \text{und daraus}$$

$$k^2 = \frac{c + v}{c - v} \quad \text{oder}$$

$$\boxed{k = \sqrt{\frac{c + v}{c - v}}} \qquad (6)$$

Man nennt k den *Bewegungsfaktor* des Zuges gegenüber dem Bahnsteig. Seine Abhängigkeit von v ist in Abb. 3.12 dargestellt.

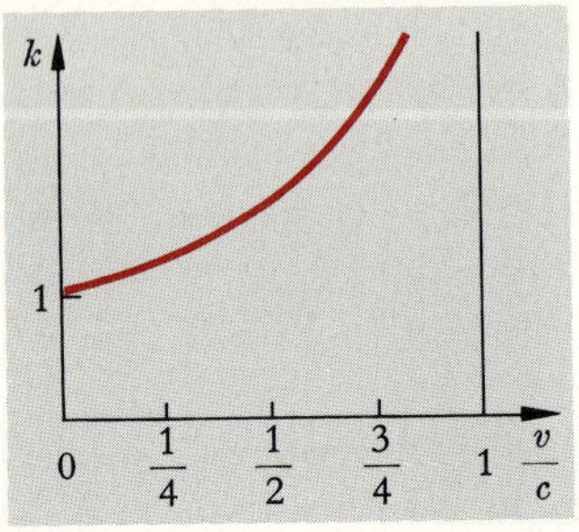

3.12 Abhängigkeit des Bewegungsfaktors k von der Geschwindigkeit

3.4.3. Andere Herleitung der Zeitdilatation

Mit der Kenntnis des Bewegungsfaktors k läßt sich nun auch berechnen, welches Zeitintervall $\Delta t'$ die Uhr in der Zugspitze registriert, wenn die Bahnsteiguhren das Intervall Δt messen.
Wir kennen bereits den Zeitpunkt, in dem das erste Lichtsignal den Zug erreicht; für die Bahnsteiguhren geschieht dies zur Zeit $t_2 = \frac{1}{2}(t_1 + t_3)$, für die Uhr im Zug zur Zeit t_2'.
Wegen $t_3 = k^2 \cdot t_1$ folgt $t_2 = \frac{1 + k^2}{2} \cdot t_1$.
Mit (1) und (6) erhält man daraus

$$\frac{t_2'}{t_2} = \frac{k\, t_1}{\frac{1 + k^2}{2}\, t_1} = \frac{2\,k}{1 + k^2} = \frac{2\sqrt{\frac{c+v}{c-v}}}{1 + \frac{c+v}{c-v}} = \sqrt{1 - \frac{v^2}{c^2}}.$$

t_2 und t_2' bedeuten das Zeitintervall, das seit der Einstellung der Uhren auf $t = t' = 0$ verstrichen ist, gemessen im System des Bahnsteiges (t_2) und in dem des Zuges (t_2').
Damit ergibt sich wieder die aus 3.3. bekannte Beziehung für entsprechende Zeitintervalle in gegeneinander bewegten Bezugssystemen. Sie läßt sich allgemeiner auch in der Form schreiben:

$$\Delta t' = \sqrt{1 - \frac{v^2}{c^2}} \cdot \Delta t \tag{7}$$

3.5. Beispiele zur Relativität der Zeit

3.5.1. Das Zwillingsparadoxon

Würde ein Raumschiff eine Geschwindigkeit von 80% der Lichtgeschwindigkeit erreichen, so würde ein Vergleich eines Zeitintervalls ($\Delta t'$) im Raumschiff gegenüber dem, das die Uhren anzeigen (Δt), an denen es vorbeifliegt, ergeben:

$$\Delta t' = \sqrt{1 - 0{,}8^2} \cdot \Delta t = \sqrt{0{,}36} \cdot \Delta t = 0{,}6 \cdot \Delta t$$

Die Richtung der Bewegung spielt dabei keine Rolle, d.h. das Raumschiff kann sich von der Erde entfernen oder sich ihr nähern. Es kann sich auch zuerst von der Erde entfernen und dann wieder zu ihr zurückfliegen. Abgesehen davon, daß es zur Umkehr zuerst abgebremst und dann wieder beschleunigt werden müßte, würde sich auch hier die Zeitdilatation bemerkbar machen: Würde das Raumschiff nach einem Erdenjahr wieder zurückkehren, so wären auf ihm erst 0,6 · 365 Tage = 219 Tage vergangen – mit allem was dazugehört: Alterung, Nahrungsverbrauch, Sauerstoffverbrauch usw.

Man nennt diese Erscheinung das *Zwillingsparadoxon*, da von Zwillingen, von denen der eine auf der Erde bleibt und der andere mit einem Raumschiff unterwegs war, nach der Rückkehr des Raumschiffes der auf der Erde zurückgebliebene älter geworden ist als der Raumfahrer.

Dieses Zwillingsparadoxon soll noch an folgendem Zahlenbeispiel erläutert werden. Wir denken uns einen Astronauten, der am Neujahrstag mit einer Reisegeschwindigkeit von 0,8 c startet. Die Kontrollstation auf der Erde sendet an jedem Neujahrstag per Funk eine Glückwunschbotschaft zum Raumschiff. Umgekehrt schickt auch der Raumfahrer jedes Jahr einen Neujahrsgruß zur Bodenstation.
Der Bewegungsfaktor des Raumschiffes gegenüber der Erde ist

$$k = \sqrt{\frac{1 + 0{,}8}{1 - 0{,}8}} = \sqrt{\frac{1{,}8}{0{,}2}} = 3\,.$$

Das bedeutet: Der erste Glückwunsch, der ein Jahr nach dem Start zum Raumschiff abgesandt wird, erreicht dieses erst drei Jahre nach dem Start (Raumschiffzeit).
Auf der Erde sind inzwischen 5 Jahre vergangen, da nach

$$\Delta t' = \Delta t \cdot \sqrt{1 - \frac{v^2}{c^2}} \qquad \text{folgt:}$$

$$\Delta t = \frac{\Delta t'}{\sqrt{1 - \frac{v^2}{c^2}}} = \frac{3\,\text{a}}{\sqrt{1 - 0{,}8^2}} = \frac{3\,\text{a}}{\sqrt{0{,}36}} = \frac{3\,\text{a}}{0{,}6} = 5\,\text{a}$$

Wir wollen annehmen, daß das gleiche Raumschiff wieder umkehrt und mit gleicher Geschwindigkeit zur Erde zurückfliegt.

Dies ist natürlich nicht realistisch, da bei diesem Umkehrmanöver extreme Beschleunigungen auftreten würden. Man kann sich aber vorstellen, daß ein zweites, entgegenkommendes Raumschiff die Funktion des ersten übernimmt.

Auch in dieser zweiten Phase der Raumfahrt werden regelmäßig die Neujahrsgrüße gefunkt. In Abbildung 3.13 sind diese Vorgänge in einem Minkowski-Diagramm dargestellt. Man erkennt daraus, daß das Raumschiff nach 10 Erdjahren wieder zur Erde zurückkehrt; zehnmal wurde also der Neujahrsgruß zum Raumschiff gefunkt, der letzte bei der Rückkunft.
Der Raumfahrer hatte aber nur sechsmal Gelegenheit, seine Neujahrsgrüße zu senden.

In den zehn Jahren, die auf der Erde vergingen, ist der Raumfahrer nur um sechs Jahre älter geworden.
Diese Aussage stößt häufig auf Widerspruch; es wird argumentiert, daß man nach dem Relativitätsprinzip auch das Raumschiff als „ruhend" und die Erde dagegen als bewegt auffassen könne. In diesem Fall wären die Verhältnisse gerade umgekehrt. Man spricht daher von einem „Paradoxon". Die Symmetrie, die dabei vorausgesetzt wird, ist aber

hier nicht gegeben, da sich das Raumschiff nacheinander in zwei verschiedenen Inertialsystemen befindet.

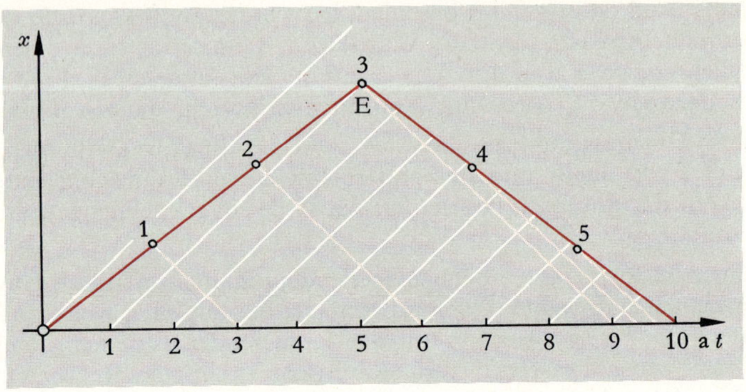

3.13 Beispiel zum Zwillingsparadoxon

Würde diese Erscheinung auch bei einem Raumschiff auftreten, das auf seiner Reise umkehrt und wieder zur Erde zurückfliegt?
Dazu müßte das Raumschiff abbremsen und in Richtung zur Erde wieder beschleunigen, der Graph in Abb. 3.13 würde bei E statt des Knicks eine Abrundung aufweisen.

Denkt man sich aber die Reise sehr weit, so kann man diese Beschleunigungsphase im Verhältnis zur gesamten Flugzeit beliebig klein machen und es gelten wieder die gleichen Bedingungen, wie sie in Abbildung 3.13 dargestellt sind.

3.5.2. Das Myonenexperiment

Wenn das Zwillingsparadoxon in der beschriebenen Form wohl kaum jemals realisiert werden kann, so gibt es doch ein Experiment, bei dem dieser Effekt beobachtet wird.

Beim Aufprall der kosmischen Strahlung auf die Erdatmosphäre entstehen in einer Höhe von etwa 15 km eine ganze Reihe von Elementarteilchen. Ein solches Teilchen, das durch einen Sekundärprozeß aus dem π-Meson entsteht, ist das Myon. Dieses Myon ist nicht stabil, sondern zerfällt in ein Elektron und zwei Neutrinos. Aus Laboratoriumsexperimenten weiß man, nach welcher Zeit jeweils die Hälfte der Myonen zerfallen ist; es ist dies nach je $T = 1{,}5 \cdot 10^{-6}$ s der Fall.

Die Myonen sind sehr leichte Teilchen (Leptonen) und können sehr hohe Geschwindigkeiten erreichen; die durch die Höhenstrahlung erzeugten Myonen haben eine Geschwindigkeit v, die nur wenig unter der Lichtgeschwindigkeit liegt.
Während der Halbwertszeit T legen sie also den Weg

$$s = v \cdot T = 3 \cdot 10^8 \frac{\text{m}}{\text{s}} \cdot 1{,}5 \cdot 10^{-6}\,\text{s} = 4{,}5 \cdot 10^2\,\text{m zurück.}$$

Auf eine Strecke von 2700 m müßte sich also die Zahl N_0 der Teilchen 6 mal halbiert haben, d.h. auf $\frac{1}{2^6} N_0 = \frac{1}{64} N_0$ abgenommen haben.

Das Experiment zeigt aber folgendes:
in 3475 m Höhe über NN wurden pro Stunde 500 Myonen gezählt; das würde in einer

Höhe von 775 m nach obiger Rechnung ca. 8 Myonen/h ergeben. Tatsächlich hat die Zahl der Myonen nur unwesentlich auf über 450/h abgenommen.
Daraus ist zu folgern, daß die im Laboratorium gemessene Halbwertszeit für die bewegten Myonen nicht gilt; ihre „innere Uhr" geht langsamer.
Diese Beobachtung bestätigt also hervorragend die Zeitdilatation.

3.5.3. Einsteins Gedankenversuch zur Relativität der Zeit

Um zu demonstrieren, daß die Zeit keine absolute Größe ist, hat Einstein folgenden anschaulichen Gedankenversuch vorgeschlagen. Er betrachtet einen Eisenbahnzug, der mit hoher Geschwindigkeit an einem Bahnsteig entlangfährt.
In der Mitte des Bahnsteigs befindet sich ein Beobachter A, in der Mitte des Zuges ein Beobachter B.

In dem Augenblick, in dem B an A vorbeifährt, sollen Anfang und Ende des Zuges von je einem Blitz getroffen werden.

Wir wollen dies noch etwas deutlicher machen und nehmen an, daß an zwei symmetrisch zu A liegenden Punkten P und Q des Bahnsteigs Elektroden angebracht sind, ebenso am Anfang und am Ende des Zuges in P′ und Q′. Dabei soll, von A aus gesehen, $\overline{PQ} = \overline{P'Q'}$ sein, so daß sich die entsprechenden Elektroden *für den Beobachter A gleichzeitig* gegenüberstehen.

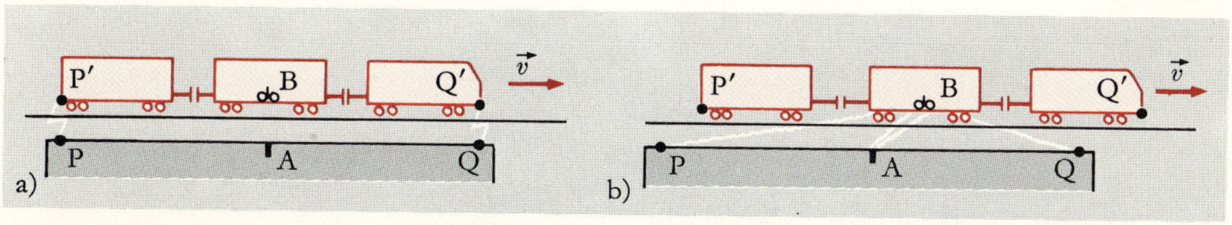

3.14 Einsteins Gedankenversuch zur Gleichzeitigkeit
a) A und B stehen sich gegenüber, bei P, P′ und Q, Q′ springen, für A gleichzeitig, Funken über
b) B hat sich weiterbewegt; das Lichtsignal von (Q, Q′) erreicht B früher als das von (P, P′)

Fährt nun der Zug den Bahnsteig entlang, so springen in dem Augenblick Funken von P nach P′ und von Q nach Q′ über, in dem sich diese Elektroden, sowie A und B paarweise gegenüberstehen (Abb. 3.14 a).
Die Koinzidenz von P und P′ bzw. von Q und Q′ sind also Punktereignisse, die durch je einen überspringenden Funken markiert werden. Wir wollen diese Punktereignisse mit (P, P′) bzw. (Q, Q′) bezeichnen.
Durch die Funken gehen von (P, P′) und von (Q, Q′) Lichtwellen aus und die Beobachter A und B bekommen dadurch Signale von diesen Ereignissen.

Da A von P und Q gleiche Entfernung hat, werden die beiden Lichtsignale gleichzeitig bei ihm eintreffen; er kennt seine Entfernungen von P und Q und schließt daraus, daß die beiden Ereignisse (Funkenüberschläge) gleichzeitig stattgefunden haben.

Was beobachtet aber B?
Kommen die Lichtsignale bei B ebenfalls gleichzeitig an (P′ und Q′ sind ja von B ebenfalls gleichweit entfernt und die Lichtgeschwindigkeit hängt für B nicht von einer Eigenbewegung ab), oder nimmt B das Signal von Q früher wahr (da er doch diesem Ereignis entgegenfährt)?

Um diese Frage zu entscheiden, wollen wir annehmen, daß A beobachtet, wann die

Lichtblitze bei B ankommen. B soll dazu mit Hilfe von zwei Spiegeln die bei ihm ankommenden Lichtsignale zu A hinlenken. Kommen sie gleichzeitig bei B an, so wird sie, über die Spiegel, auch A gleichzeitig sehen – und umgekehrt (Abb. 3.14b).

Während die Lichtwellen von P bzw. Q nach B unterwegs sind, bewegt sich B in Richtung auf Q. In den Augen von A vergrößert sich also die Strecke $\overline{PB}$, während sich die Strecke $\overline{BQ}$ verkürzt.
In seinem Bezugssystem gibt es keinen Unterschied in der Ausbreitungsgeschwindigkeit des Lichtes und er stellt fest, daß das Lichtsignal von (Q, Q′) früher bei B, und über den Spiegel umgelenkt bei ihm, ankommt, als das von (P, P′).

Er schließt daraus, daß B den Funkenüberschlag bei (Q, Q′) früher sieht als den bei (P, P′). Wenn A dies feststellt, dann muß es auch für B gelten; gleichzeitig bei B ankommende Signale würden auch, über die Spiegel, gleichzeitig bei A eintreffen.
B empfängt also das von (Q,Q′) ausgehende Lichtsignal früher als das vom Ende des Zuges (P,P′). Wie wird er das deuten?

Wir (und der Beobachter B) wissen, daß die Abstände $\overline{BP}'$ und $\overline{BQ}'$ gleich bleiben, ebenfalls ist für B auch die Lichtgeschwindigkeit in beiden Richtungen gleich. Der Beobachter B muß also schließen, daß der Funkenüberschlag (Q,Q′) früher erfolgte als der bei (P,P′).

Die Ereignisse, die für A gleichzeitig stattfanden, fanden *für B zu verschiedenen Zeiten* statt.

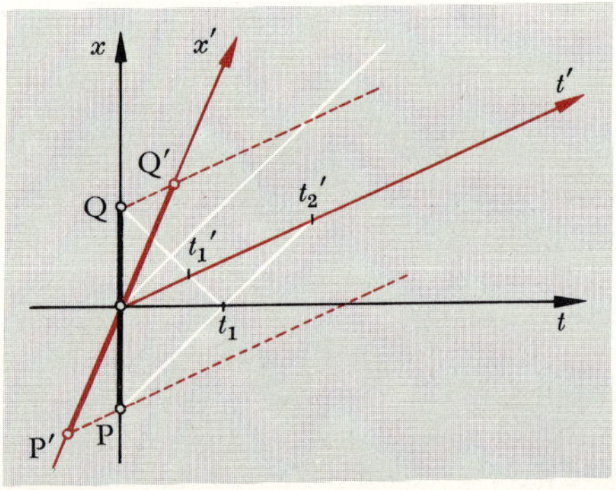

3.15 Minkowski-Diagramm zum Einsteinschen Gedankenversuch

Dieser Sachverhalt läßt sich mit dem Minkowski-Diagramm erläutern (Abb. 3.15). Durch t, x ist das Inertialsystem des Bahnsteigs dargestellt mit $x = 0$ für den Beobachter A. t', x' bezeichnen die Achsen im Inertialsystem des Zuges, für den Beobachter B ist $x' = 0$. P und Q stellen für A die Elektroden dar, an denen die Funkenüberschläge erfolgen; durch die Strecke PQ ist also der Zug dargestellt im Augenblick des Funkenüberschlags.
Die Lichtsignale, die von P und Q ausgehen, erreichen A im Zeitpunkt t_1, B aber in den Zeitpunkten t_2' und t_1'.
Dies ist leicht einzusehen, da die Gleichzeitigkeitslinien für B die Parallelen zur x'-Achse sind. Die Punktereignisse der Funkenüberschläge (P,P′) und (Q,Q′) sind für ihn nicht gleichzeitig. In Abb. 3.15 ist der Moment dargestellt, in dem sich A und B gegenüberstehen (d. h. der Ursprung des t-x-Systems – für A – fällt mit dem des t'-x'-Systems – für B – zusammen). Von B aus gesehen stellt P′Q′ den Zug in diesem Zeitpunkt dar.

Die Koinzidenz von Q und Q′ hatte also für B schon stattgefunden, während die von P und P′ noch bevorsteht.

Aufgaben

3.13 Analysieren Sie den Einsteinschen Gedankenversuch von 3.5.3., wenn die Beobachter nicht den Lichtblitz sehen, sondern den Knall der Funken hören.

3.14 Man kann die Lebensdauer von Elementarteilchen bestimmen, in dem man ihre Geschwindigkeit v und den während ihrer Lebensdauer zurückgelegten Weg s mißt. Man fand z. B. für ein π-Meson $v = 0{,}75\,c$ und $s = 8{,}5$ m.
Wie groß ist demnach die Lebensdauer des ruhenden π-Mesons?

3.15 Ein Funksignal wird von der Erde zum Mond geschickt (Enfernung 380000 km). Von einem Raumschiff aus, das mit $v = 0{,}5\,c$ in die gleiche Richtung fliegt, werden Abgang und Ankunft des Signals beobachtet.
a) Welche Zeitdauer mißt die Raumschiffbesatzung zwischen Senden und Empfang des Signals?
b) Auf welche Entfernung Erde-Mond schließt sie daraus?

3.6. Die Längenkontraktion

Die Überlegungen am Einsteinzug führen zu einer weiteren wichtigen Aussage.
Wenn B den Funkenüberschlag bei (Q,Q′) früher sieht als den bei (P,P′), so bedeutet das, daß die Zugspitze Q′ die Elektrode Q früher erreicht als das Zugende P′ die Elektrode P. Dem Beobachter B muß also die Zuglänge $\overline{P'Q'}$ länger erscheinen als die Bahnsteigstrecke $\overline{PQ}$. Genauer: Der Bahnsteig erscheint dem Beobachter B gegenüber dem Zug (der im Inertialsystem von B ruht) verkürzt.

Wir müssen daher schließen, daß zwei gegeneinander bewegte Inertialsysteme nicht nur einen verschiedenen Zeitmaßstab haben, sondern daß auch Längen in verschiedener Weise gemessen werden.
Diese Änderung des Längenmaßstabes läßt sich aus dem Gedankenversuch 3.5.3. leicht ermitteln.

In Abbildung 3.16 ist auf dem Bahnsteig der Maßstab CD mit der Länge l dargestellt. Die Weltlinien seiner Endpunkte sind die Parallelen zur t-Achse.

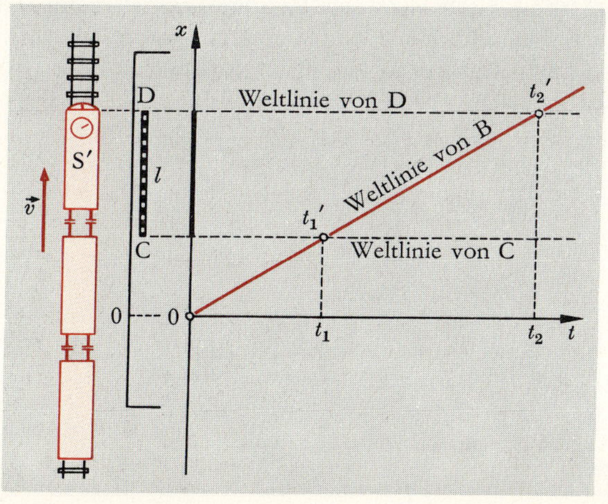

3.16 Der Beobachter in S′ sieht die Strecke l verkürzt

Wenn nun der Einsteinzug S′ mit der Geschwindigkeit v an diesem Maßstab vorbeifährt, trifft der Beobachter B im Zug zuerst auf den Endpunkt C, dann auf den Endpunkt D. Er mißt für diese Ereignisse die Zeiten t_1' und t_2'. Aus dieser Zeitmessung und mit der Kenntnis der Relativgeschwindigkeit zwischen Bahnsteig und Zug bestimmt er die Länge des Maßstabes zu

$$l' = v \cdot (t_2' - t_1') .$$

Der Beobachter am Bahnsteig mißt die Vorbeifahrt des Zuges am Punkt C zur Zeit t_1, am Punkt D zur Zeit t_2; für ihn ist die Stablänge

$$l = v \cdot (t_2 - t_1) .$$

Nach 3.4. und 3.5. besteht zwischen t und t' der Zusammenhang

$$t' = t \cdot \sqrt{1 - \frac{v^2}{c^2}}, \qquad \text{daher folgt}$$

$$l' = v \cdot (t_2' - t_1') = v \cdot (t_2 - t_1) \cdot \sqrt{1 - \frac{v^2}{c^2}} ;$$

$$\boxed{l' = l \cdot \sqrt{1 - \frac{v^2}{c^2}}} . \qquad (1)$$

Wird eine Strecke von einem relativ zu ihr bewegten Beobachter gemessen, so erscheint sie verkürzt.

Diese *Längenkontraktion* tritt *nur in Bewegungsrichtung* auf; für eine Strecke senkrecht zur Bewegungsrichtung messen ruhender und bewegter Beobachter die gleiche Länge.

Diese Aussage läßt sich auch auf den Fall anwenden, daß der Beobachter auf dem Bahnsteig die Länge des Zuges bestimmt. Auch im erscheint sie um den Faktor $\sqrt{1 - v^2/c^2}$ verkleinert gegenüber der Länge, die vom Zug aus gemessen wird.

In Abbildung 3.17 ist dargestellt, wie die Länge des Zuges P′Q′ dem Beobachter A auf dem Bahnsteig erscheint. Er beobachtet das Passieren von Anfang (Q′) und Ende (P′) des Zuges im zeitlichen Abstand $t_2 - t_1$ und berechnet daraus die Zuglänge (seine Uhr wird mit zwei Uhren am Anfang und Ende des Zuges verglichen):

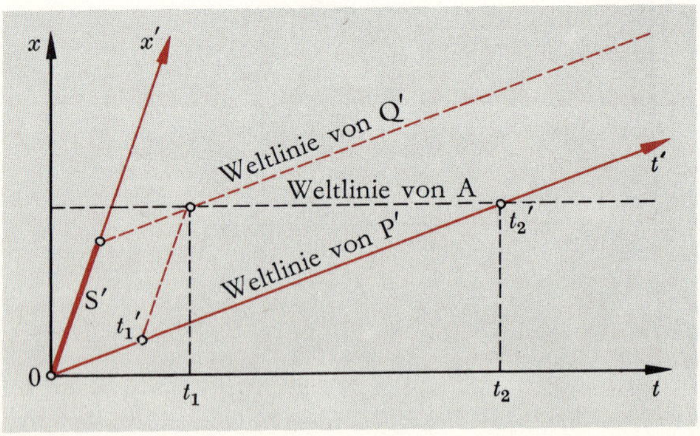

3.17 Auch der Beobachter auf dem Bahnsteig stellt eine Verkürzung des Zuges fest

$$s = v \cdot (t_2 - t_1) = v \cdot \left(t_2' \sqrt{1 - \frac{v^2}{c^2}} - t_1' \sqrt{1 - \frac{v^2}{c^2}}\right)$$

$$= v\,(t_2' - t_1') \sqrt{1 - \frac{v^2}{c^2}} = s' \sqrt{1 - \frac{v^2}{c^2}}$$

Mit Hilfe der Längenkontraktion läßt sich nun auch der negative Ausgang des Michelson-Morley-Versuches erklären (1.3.).

In Abbildung 1.4 erfährt die Strecke l_1 (in Richtung der Bewegung) die Verkürzung

$$l_1' = l_1 \cdot \sqrt{1 - \frac{v^2}{c^2}},$$

während l_2 unverändert bleibt[1]).

Mit Hilfe einer Konstruktion nach Abbildung 3.9 lassen sich aus den Einheiten auf der t- und x-Achse die entsprechenden Einheiten auf der t'- und x'-Achse konstruieren. PD ist die Strecke, um die sich das Lichtsignal in y-Richtung vom Raumschiff entfernt hat, wenn dieses (im t-x-Diagramm) in P dargestellt wird. OP gibt die Zeit an (in S'), in der das Lichtsignal diese Strecke zurückgelegt hat.

In Abbildung 3.18 ist die Strecke PD in die t-x-Ebene geklappt. Auf PD kann nun die Längeneinheit wie auf der x-Achse eingezeichnet werden, die Zeiteinheit auf der t'-Achse erhalten wir dann durch zentrische Streckung:
Man trägt die Strecke PD von O aus auf der t-Achse an (OD') und überträgt die Zeiteinheit mit Hilfe einer Parallelen zu D'P auf die t'-Achse.

Mit Hilfe eines Parallelogramms erhalten wir auch die Längeneinheit auf der x'-Achse. Wegen der besonderen Wahl der Einheiten (Lichtgerade halbiert die Winkel zwischen den Zeit- und Weg-Achsen) ist das Parallelogramm in unserem Falle eine Raute.

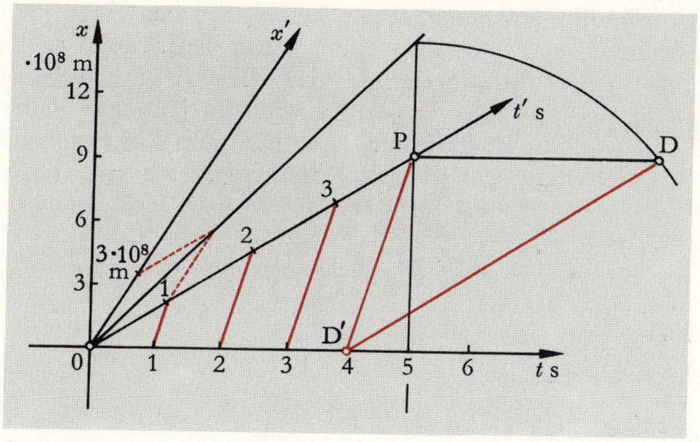

3.18 Konstruktion der Einheitsstrecken auf der t'- und der x'-Achse

---

[1]) Mit Hilfe dieses Verkürzungsfaktors hat schon H. A. Lorentz 1899 den negativen Ausgang des Michelson-Versuches erklärt; er hat ihn allerdings unter anderen Voraussetzungen und mit Verwendung des Ätherbegriffes hergeleitet. Man nennt die Längenkontraktion deshalb auch „Lorentz-Kontraktion".

Aufgaben

3.16 Ein (Einstein-)Zug mit der Eigenlänge $l_0 = 200$ km fährt mit $v = 0{,}8\,c$ durch einen Bahnhof. Die Lokomotive P′ erreicht den Bahnhof P zur Zeit $t = t' = 0$ Uhr. In diesem Augenblick geht von P′ ein Lichtblitz aus.

a) Zu welcher Zeit t' (nach Zug-Uhr) erreicht dieses Lichtsignal das Zugende?

b) Zu welcher Zeit t (nach Bahnhof-Uhr) erreicht das Signal das Zugende?

c) Wann passiert das Zugende (nach Zug-Uhr und nach Bahnhof-Uhr) den Bahnhof?

3.17 a) Wie schnell muß sich ein Stab in seiner Längsrichtung bewegen, damit er einem ruhenden Beobachter auf die Hälfte verkürzt erscheint?

b) Wie stark erscheint ein Stab verkürzt, wenn er sich mit 99% der Lichtgeschwindigkeit gegen einen Beobachter bewegt?

3.18 Leiten Sie mit Hilfe von Abbildung 3.17 her, welche Länge l des Zuges P′Q′ der in S ruhende Beobachter A mißt.

3.19 Zeigen Sie, daß der Michelson-Morley-Versuch mit Hilfe der Längenkontraktion erklärt werden kann.

3.7. Relativistische Deutung der Lorentzkraft

In Abschnitt 1.2. wurde ein Widerspruch aufgedeckt, der sich ergibt, wenn man das Newton-Galileische Relativitätsprinzip auf elektrische und magnetische Erscheinungen anwendet, ohne dabei die Probleme der Zeit- und Streckenmessung in dem hier gegebenen Sinn zu beachten.

Der Widerspruch findet eine Auflösung, wenn man das Ergebnis des letzten Abschnittes (Gleichung (1)) auf diesen Sachverhalt anwendet.

Die Gleichungen für die Zeitdilatation und für die Längenkontraktion lassen eigentlich vermuten, daß relativistische Effekte nur bei sehr großen Geschwindigkeiten spürbar werden. Obwohl die Geschwindigkeiten, um die es im folgenden geht, sehr gering sind, sind die Wirkungen, welche sie hervorrufen, doch erheblich.

Wir betrachten einen geradlinigen metallischen Leiter, der von einem Strom I durchflossen wird, und im Abstand r von ihm eine positiv geladene Kugel (Abb. 3.19). Wir beobachten um den Leiter ein Magnetfeld, trotzdem wirkt zwischen ihm und der Kugel keine Kraft, solange der Leiter ungeladen und die Kugel in Ruhe ist. Bewegt sich aber die Kugel mit der Geschwindigkeit v parallel zum Leiter, also senkrecht zu den Feldlinien des Magnetfeldes, so tritt eine Lorentzkraft auf von der Stärke

$$F_L = q \cdot v \cdot B = q \cdot v \cdot \mu_0 \frac{I}{2 r \pi}\,. \tag{1}$$

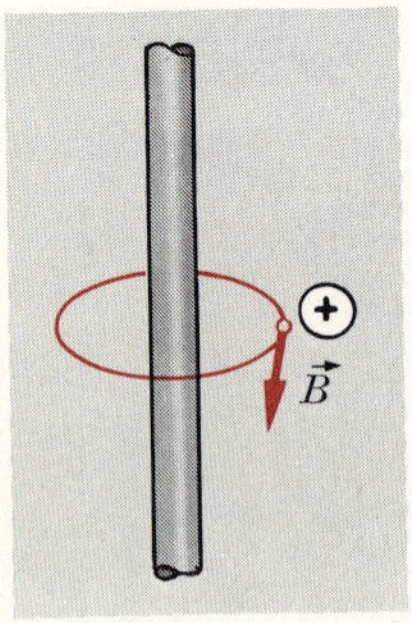

3.19 Die positiv geladene Kugel befindet sich im Magnetfeld des stromdurchflossenen Leiters

Die relativistische Betrachtung dieses Vorgangs ergibt folgendes: Die Ladungsträger des elektrischen Stromes im metallischen Leiter sind die Elektronen; sie bewegen sich mit der Driftgeschwindigkeit v_D durch den Leiter, während die positiven Metallionen relativ zum Leiter in Ruhe bleiben.

Aus dem ganzen, unendlich langen Draht mit Querschnitt A soll nun ein Stück der Länge l betrachtet werden; die Zahl der positiven und negativen Ladungen sei je n.

Wir definieren eine lineare Ladungsdichte $\lambda = \frac{q}{l}$, die zum Beispiel in Coulomb pro Meter gemessen werden kann. Jede Ladungsart hat dann die Ladungsdichte

$$\lambda = \frac{n \cdot e}{l}. \tag{2}$$

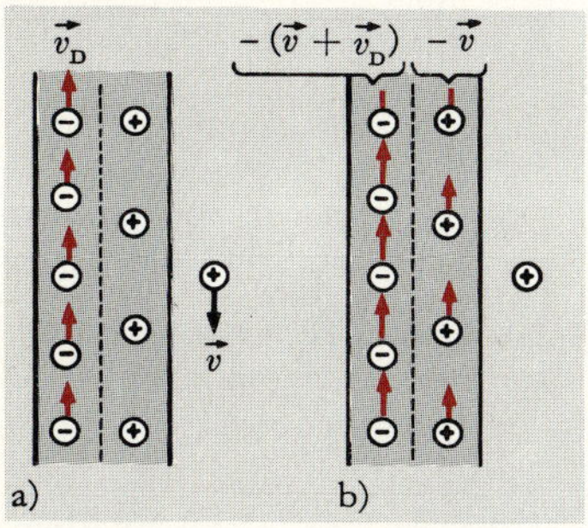

3.20 Durch die Bewegung der Elektronen und Ionen relativ zur Kugel ändert sich ihre Dichte. Darstellung im Bezugssystem
a) des Leiters,
b) der geladenen Kugel

Bewegt sich nun die geladene Kugel in Stromrichtung parallel zu Leiter mit der Geschwindigkeit v, so haben die Ionen gegenüber dieser Kugel die Geschwindigkeit $-v$, die Leitungselektronen aber die Geschwindigkeit $-(v + v_D)$.

Wir betrachten den ganzen Vorgang von einem Inertialsystem S aus, das sich mit der Kugel mitbewegt (Abb. 3.20b).

Wegen der Längenkontraktion relativ bewegter Maßstäbe verkürzt sich nun, vom Inertialsystem der Kugel aus gemessen, das betrachtete Leiterstück der Länge l auf

$$l' = l \cdot \sqrt{1 - \frac{v^2}{c^2}};$$

da sich die Zahl der positiven Ladungen in diesem Leiterstück aber nicht ändert, nimmt ihre Ladungsdichte auf

$$\lambda' = \frac{Q}{l'} = \frac{e \cdot n}{l'} = \frac{e \cdot n}{l \cdot \sqrt{1 - \frac{v^2}{c^2}}} \tag{3}$$

zu.

Für die negativen Ladungen (Leitungselektronen) im Leiter reicht es nicht aus, nur die Relativgeschwindigkeit zwischen Leiter und Kugel zu verwenden; sie bewegen sich ja zusätzlich mit der Geschwindigkeit v_D relativ zum Leiter.

Denken wir uns die Leitungselektronen unabhängig vom Leiterstück in einem Zylinder der Länge l, so verkürzt sich dieser auf $l'' = l \cdot \sqrt{1 - \frac{(v + v_D)^2}{c^2}}$ [1]) und die Ladungs-

[1]) Wegen der geringen Geschwindigkeiten brauchen wir die in Abschnitt 4.2. behandelte Einsteinaddition nicht zu verwenden.

dichte der negativen Ladungen erhöht sich auf

$$\lambda'' = \frac{Q}{l''} = \frac{e \cdot n}{l''} = \frac{e \cdot n}{l\sqrt{1 - \left(\frac{(v + v_D)}{c}\right)^2}}. \tag{4}$$

Es tritt also pro Leiterlänge l ein Überschuß an negativen Ladungen auf von

$$\Delta Q = (\lambda'' - \lambda') \cdot l = e \cdot n \left(\frac{1}{\sqrt{1 - \left(\frac{v + v_D}{c}\right)^2}} - \frac{1}{\sqrt{1 - \left(\frac{v}{c}\right)^2}} \right). \tag{5}$$

v_D soll klein sein gegen v, beide sind klein gegen die Lichtgeschwindigkeit; man kann dann entsprechend der Näherungsformel für $x \ll 1$

$$\frac{1}{\sqrt{1 - x}} \approx 1 + \frac{1}{2} x \qquad \text{schreiben:}$$

$$\Delta Q = e \cdot n \left(1 + \frac{1}{2} \frac{(v_D + v)^2}{c^2} - \left(1 + \frac{1}{2} \frac{v^2}{c^2} \right) \right)$$

$$\Delta Q = \frac{e \cdot n}{2\,c^2} (v^2 + 2\,v \cdot v_D + v_D{}^2 - v^2) = \frac{e \cdot n}{2\,c^2} v_D \cdot (v_D + 2\,v) \tag{6}$$

Die Driftgeschwindigkeit der Ladungsträger in einem Leiter ist sehr klein, in der Größenordnung von 1 mm pro Sekunde; dann können wir in der Klammer v_D gegen $2\,v$ vernachlässigen und erhalten $\left(\text{mit } \frac{q \cdot n \cdot \Delta s}{\Delta t} = I \cdot \Delta s\right)$:

$$\Delta Q = \frac{e \cdot n}{2\,c^2} 2\,v_D \cdot v = \frac{I \cdot \Delta s \cdot v}{c^2} \tag{7}$$

Der Leiter scheint also, von der Kugel aus betrachtet, negativ geladen.
Es tritt somit zwischen Leiter und Kugel eine elektrostatische Anziehung auf, für die sich ergibt

$$|F| = q \cdot E = q \cdot \frac{I \cdot \Delta s \cdot v}{c^2} \cdot \frac{1}{\varepsilon_0 \cdot 2\,r\,\pi \cdot \Delta s} = q \cdot \frac{I \cdot v}{\varepsilon_0 \cdot c^2 \cdot 2\,r\,\pi}$$

und mit $c^2 = \frac{1}{\mu_0 \cdot \varepsilon_0}$:

$$|F| = \frac{\mu_0 \cdot q \cdot I \cdot v}{2\,r\,\pi} \tag{8}$$

Diese Kraft auf die geladene Kugel würde ein mit der Kugel mitbewegter Beobachter messen. Nun wird aber die Lorentzkraft gewöhnlich von einem Inertialsystem aus gemessen, in dem der stromführende Leiter ruht; diese Formel muß also noch auf dieses System umgerechnet werden. Das geschieht mit Hilfe des Faktors $\sqrt{1 - \frac{v^2}{c^2}}$. Für kleine v ist Gleichung (8) eine erste Näherung. Sie stimmt genau mit der Formel (1) für die Lorentzkraft überein, die sich somit als eine relativistische Variante der coulombschen Kraft erweist.

Diese Gleichung läßt sich in entsprechender Weise herleiten, wenn man den Strom als

Bewegung von positiven und negativen Ladungen in entgegengesetzter Richtung betrachtet, wie dies bei der Elektrolyse, in Halbleitern und bei Gasentladungen auftritt.

Man könnte noch die Frage stellen, wieso trotz der kleinen Driftgeschwindigkeit der Ladungsträger überhaupt ein nachweisbarer relativistischer Effekt, die Lorentzkraft, auftritt, wo doch bisher nur Geschwindigkeiten in der Nähe der Lichtgeschwindigkeit eine Rolle spielten.

$\frac{v_D}{c}$ hat etwa den Wert $0{,}5 \cdot 10^{-12}$, das bedeutet, daß $1\Big/\sqrt{1-\frac{v^2}{c^2}}$ nur um $\frac{1}{8} \cdot 10^{-24}$ größer als 1 ist.

Daß sich trotzdem eine Wirkung ergibt, liegt an der großen Anzahl der Ladungsträger, die den Stromfluß verursachen (n in Gl. (7)). Ein kmol Kupfer besteht aus ungefähr $6 \cdot 10^{26}$ Atomen, die Zahl der freien Metallelektronen hat etwa die gleiche Größe. In einem 1 m langen Kupferdraht von 1 mm² Querschnitt ist daher die Zahl der Leitungselektronen etwa 10^{23}. Fließt durch ihn ein Strom von 1 A, so ist die Driftgeschwindigkeit $v_D = \frac{l \cdot I}{n \cdot e} = \frac{1\,\text{m} \cdot 1\,\text{A}}{10^{23} \cdot 1{,}6 \cdot 10^{-19}\,\text{A s}} = 6{,}25 \cdot 10^{-5}\,\frac{\text{m}}{\text{s}}$.

Für einen mit der Geschwindigkeit $v = 100\,\frac{\text{m}}{\text{s}}$ parallel zum Leiter bewegten Beobachter erscheint dieser mit $\Delta Q = \frac{I \cdot l \cdot v}{c^2} = \frac{1\,\text{A} \cdot 1\,\text{m} \cdot 10^2\,\frac{\text{m}}{\text{s}}}{\left(3 \cdot 10^8\,\frac{\text{m}}{\text{s}}\right)^2} \approx 1{,}1 \cdot 10^{-15}\,\text{A s}$ pro Meter Länge aufgeladen.

Aufgaben

3.20 Parallel zur x-Achse verläuft ein Draht, in dem positive Ionen und Elektronen in gleicher Anzahl und mit gleichen Abständen von je 1 cm in parallelen Reihen angeordnet sind (entsprechend Abb. 3.20). Während die Ionen ruhen, bewegen sich die Elektronen mit der (kleinen) Geschwindigkeit v_D in Richtung der positiven x-Achse durch den Draht.

a) Zeichnen Sie ein Minkowski-Diagramm mit den Weltlinien der Ionen und Elektronen.

b) Zeichnen Sie die t'- und die x'-Achsen eines mit der Geschwindigkeit $v > v_D$ gegen den Draht in $+\,x$-Richtung bewegten Beobachter. Welchen Unterschied in den Ladungsdichten registriert dieser Beobachter? Markieren Sie zur Beantwortung dieser Frage (zur Zeit $t' = 0$) die Lage der Ionen und Elektronen auf der x'-Achse.

3.21 Moderne Atomuhren sind so genau, daß man mit ihnen die Zeitdilatation, die bei der Fahrt eines Rennautos auftritt, messen könnte.

Wie groß darf die Ungenauigkeit $\left(\text{relative Zeitabweichung } \frac{t}{T}\right)$ einer solchen Uhr höchstens sein, damit man mit zwei solchen Uhren die Zeitdilatation nachweisen kann, wenn sich die eine Uhr auf der Erde, die andere in einem mit der Geschwindigkeit $v = 500$ km/h fliegenden Flugzeug befindet?

4. Die Lorentztransformation

4.1. Herleitung der Transformationsgleichungen

Die bisherigen Betrachtungen beschränkten sich im wesentlichen auf den Vergleich der Nullpunkte der in den beiden Inertialsystemen liegenden Koordinatensysteme: Welchen Abstand hat der Nullpunkt des Koordinatensystems im Zug vom Nullpunkt des Koordinatensystems am Bahnsteig und welche Zeiten zeigen koinzidierende Uhren dieser Systeme an.

Es soll nun ein Punktereignis betrachtet werden, das nicht in einen dieser räumlichen oder zeitlichen Nullpunkte fällt. Wir wählen als solches Ereignis das Aufleuchten eines Signals, auf das der Zug zufährt (Abb. 4.1). Dieses Signal habe im Bahnsteigsystem die Ortskoordinaten x, y, z und die Zeitkoordinate t; im Koordinatensystem des Zuges sollen seine Koordinaten x', y', z' und t' sein.

Abbildung 4.1 zeigt ein Minkowski-Diagramm dieses Punktereignisses P und der Bewegung des Zuges.

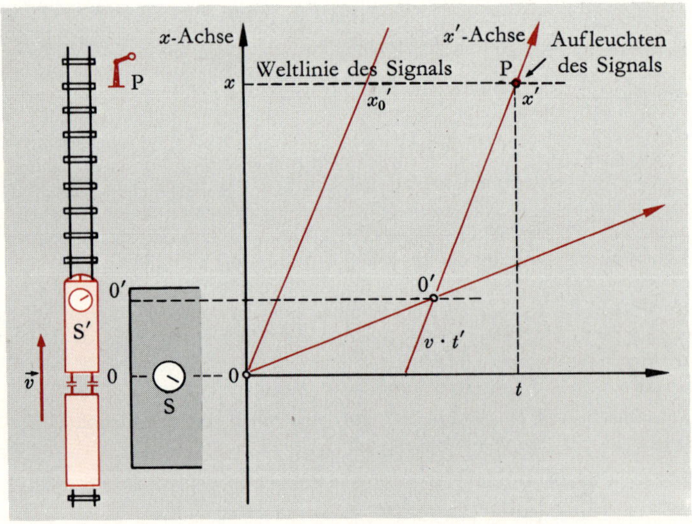

4.1 Zur Herleitung der Lorentztransformation. Das Punktereignis hat im System S die Koordinaten t und x, im System S′ die Koordinaten t' und x'.

Es soll nun der Zusammenhang ermittelt werden zwischen den Zeit-Raum-Koordinaten von P in den beiden Bezugssystemen.

Da die Bewegung des Zuges nur in x-Richtung erfolgt, kann nach 3.1

$$y' = y$$

und $$z' = z$$

gesetzt werden.

Wenn sich die Beobachter am Bahnsteig ($x = 0$) und im Zug ($x' = 0$) begegnen, sollen ihre Uhren auf $t = t' = 0$ gestellt werden.

Dann mißt der Beobachter am Bahnsteig (Bezugssystem S) für das Aufleuchten des Signals (Punktereignis P) die Zeit t, der Beobachter im Zug (System S') die Zeit t'.

In dieser Zeit t' hat der Zug den Weg $v \cdot t'$ zurückgelegt. Zur Zeit $t = t' = 0$ war seine Entfernung vom Signal (von S' aus gemessen, siehe Abb. 4.1)

$$x'_0 = x\sqrt{1 - v^2/c^2} \qquad \text{(Gleichung (1) in 3.6),}$$

im Zeitpunkt des Aufleuchtens des Signals ist sie

$$x' = x'_0 - v \cdot t' = x\sqrt{1 - v^2/c^2} - v \cdot t' .$$

Dies ergibt, nach x aufgelöst, den Zusammenhang

$$\boxed{x = \frac{x' + v\,t'}{\sqrt{1 - \frac{v^2}{c^2}}}} . \qquad (1)$$

Wegen des Relativitätsprinzips gilt die entsprechende Gleichung auch, wenn wir x mit x' und t mit t' vertauschen. Da sich dann aber auch die Richtung der Bewegung ändert (der Zug bewegt sich bezüglich S nach rechts, der Bahnsteig bezüglich S' nach links), müssen wir v durch $-v$ ersetzen.

Das ergibt

$$x' = \frac{x - v\,t}{\sqrt{1 - \frac{v^2}{c^2}}} . \qquad (2)$$

Löst man Gleichung (1) nach t' auf, so erhält man zusammen mit Gleichung (2) die Transformationsgleichung für die Zeit

$$t' = \frac{1}{v} \cdot \left(x \cdot \sqrt{1 - \frac{v^2}{c^2}} - x' \right) =$$

$$= \frac{1}{v} \cdot \left(x \cdot \sqrt{1 - \frac{v^2}{c^2}} - \frac{x - v \cdot t}{\sqrt{1 - \frac{v^2}{c^2}}} \right) =$$

$$= \frac{1}{v} \, \frac{x\left(1 - \frac{v^2}{c^2}\right) - x + v \cdot t}{\sqrt{1 - \frac{v^2}{c^2}}} ;$$

$$\boxed{t' = \frac{t - \frac{x\,v}{c^2}}{\sqrt{1 - \frac{v^2}{c^2}}}} . \qquad (3)$$

Werden also die Orts- und Zeitkoordinaten eines Punktereignisses von zwei mit der Geschwindigkeit v gegeneinander bewegten Inertialsystemen aus gemessen, so besteht zwischen ihnen folgender Zusammenhang:

$$x' = \frac{x - v \cdot t}{\sqrt{1 - \frac{v^2}{c^2}}} \qquad x = \frac{x' + v \cdot t'}{\sqrt{1 - \frac{v^2}{c^2}}}$$

$$y' = y$$
$$z' = z \tag{4}$$

$$t' = \frac{t - \frac{x \cdot v}{c^2}}{\sqrt{1 - \frac{v^2}{c^2}}} \qquad t = \frac{t' + \frac{x' \cdot v}{c^2}}{\sqrt{1 - \frac{v^2}{c^2}}}$$

H. A. Lorentz hat mit Hilfe seiner Elektronentheorie dieses System von Transformationsgleichungen 1904, also ein Jahr vor Einstein gefunden. Seine Herleitung aus den Maxwellschen Gleichungen ging jedoch von ganz anderen Voraussetzungen aus (absolut ruhender Äther). Die Bezeichnung „*Lorentz-Transformation*" für dieses Gleichungssystem geht auf Einstein selbst zurück.

Aufgaben

4.1 Leiten Sie aus der Transformationsgleichung der Lorentz-Transformation die Formeln für die Zeitdilatation und für die Längenkontraktion her.

4.2 Man beobachtet ein und denselben Vorgang (Punktereignis) von zwei verschiedenen Bezugssystemen S und S′ aus. S′ soll sich gegenüber S mit der Geschwindigkeit v in x-Richtung bewegen. Dann lassen sich die Koordinaten x', y', z' und t' aus x, y, z und t mit Hilfe der Lorentztransformation berechnen.
Wie würde ein Physiker, der nichts von der Relativitätstheorie weiß und die Zeit für absolut hält ($t' = t$), x', y', z', t' aus x, y, z, t berechnen?
Man nennt seine Umrechnung die „Galilei-Transformation".
Unter welcher (falschen) Annahme erhält man die Galilei-Transformation exakt aus der Lorentz-Transformation?

4.3 In einem Inertialsystem S $(t; x)$ bewegt sich ein zweites Inertialsystem S′ $(t'; x')$ mit der Geschwindigkeit $v = 0{,}6\,c$ in Richtung der positiven x-Achse.
a) Stellen Sie diesen Sachverhalt mit einem Minkowski-Diagramm dar.
b) Die Längen- und Zeiteinheiten sind auf der x- und t-Achse durch jeweils 2 cm lange Strecken dargestellt. Bestimmen Sie durch Konstruktion die entsprechenden Einheiten auf der x'- und t'-Achse.

4.4 Zur Zeit $t = 0$ fährt der „Einsteinzug" mit der Geschwindigkeit $v = 0{,}6\,c$ durch den Bahnhof; zur Zeit $t_1 = 0{,}2$ s geht ein $0{,}8 \cdot 10^8$ m vom Bahnhof entferntes Signal auf.
Welche Zeit und welche Entfernung registriert ein Beobachter im Zug für dieses Ereignis, wenn er beim Passieren des Bahnhofs seine Uhr ebenfalls auf $t' = 0$ gestellt hatte?

4.2. Transformation von Geschwindigkeiten

Das *Additionstheorem für Geschwindigkeiten* ist eine wichtige Folgerung, die sich aus der Lorentztransformation ergibt.
Wir betrachten zwei Körper (Raumschiffe) S′ und S″, die sich in einem Inertialsystem S entlang der x-Achse mit den Geschwindigkeiten v_{12} und v_{13}, gemessen von S aus, bewegen. Die Geschwindigkeit, mit der sich S″ gegen S′ bewegt, nennen wir v_{23}.
Abb. 4.2 zeigt die Weltlinien der Raumschiffe. Der Nullpunkt der x-Achse und der Zeitachse von S soll dabei festgelegt sein durch Ort und Zeit, in denen das eine Raumschiff das andere überholt.

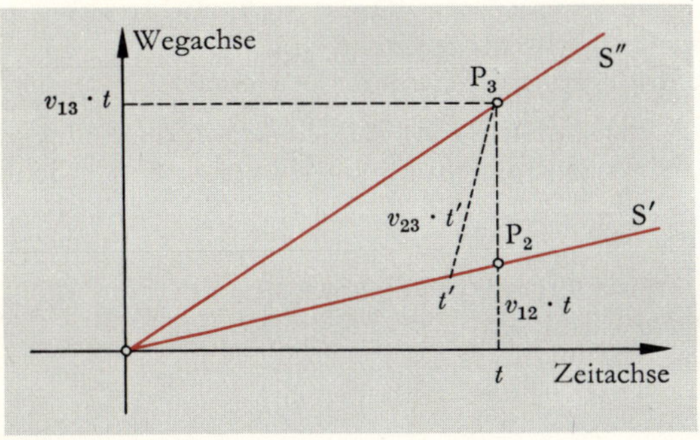

4.2. Transformation der Geschwindigkeiten

Von S′ aus hat S″ in der Zeit t' den Weg $x' = v_{23} \cdot t'$ zurückgelegt, während S′ von S aus in der Zeit t den Weg $v_{12} \cdot t$ zurückgelegt hat.

Die Geschwindigkeit v_{13} von S″ gegenüber S läßt sich mit Hilfe der Lorentztransformation berechnen.
Es ist

$$v_{13} = \frac{x}{t} = \frac{\dfrac{x' + v_{12} \cdot t'}{\sqrt{1 - \dfrac{v_{12}^2}{c^2}}}}{\dfrac{t' + \dfrac{v_{12} \cdot x'}{c^2}}{\sqrt{1 - \dfrac{v_{12}^2}{c^2}}}} = \frac{x' + v_{12} \cdot t'}{t' + \dfrac{v_{12} \cdot x'}{c^2}};$$

unter Verwendung der Beziehung $x' = v_{23} \cdot t'$ folgt daraus:

$$\boxed{v_{13} = \frac{v_{23} + v_{12}}{1 + \dfrac{v_{12}\, v_{23}}{c^2}}} \qquad (1)$$

Die Geschwindigkeiten addieren sich also nicht linear zu $v_{13} = v_{12} + v_{23}$, wie dies in der nichtrelativistischen Mechanik, also für kleine Geschwindigkeiten $v_{12} \ll c$ und $v_{23} \ll c$, angenommen worden ist; da der Nenner stets größer als 1 ist, ist $v_{13} < v_{12} + v_{23}$.
Beispiel: Von einem Raumfahrzeug, das sich selbst mit einer Geschwindigkeit $v_{12} = \frac{1}{2}\, c = 1{,}5 \cdot 10^8 \, \frac{\mathrm{m}}{\mathrm{s}}$ von der Erde wegbewegt, entfernt sich eine Rakete mit einer Relativ-

geschwindigkeit $v_{23} = 0{,}8\,c = 2{,}4 \cdot 10^8 \frac{\text{m}}{\text{s}}$ in Flugrichtung. Die Geschwindigkeit der Rakete gegenüber der Erde ist dann

$$v_{23} = \frac{0{,}5\,c + 0{,}8\,c}{1 + 0{,}5 \cdot 0{,}8} = \frac{1{,}3}{1{,}4}\,c = 0{,}93\,c\,.$$

Aus der Formel

$$v_{13} = \frac{v_{12} + v_{23}}{1 + \frac{v_{12}\,v_{23}}{c^2}}$$

erkennt man leicht, daß die Gesamtgeschwindigkeit v_{13} nicht größer als c sein kann, wenn die Teilgeschwindigkeiten nicht größer als c sind.

Diese Formel beinhaltet auch wieder die ursprüngliche Forderung nach der Konstanz der Lichtgeschwindigkeit. Addiert man irgend eine Geschwindigkeit $v < c$ zur Lichtgeschwindigkeit, so erhält man nach Gleichung (1) wieder nur die Lichtgeschwindigkeit.

Die Lichtgeschwindigkeit (genauer: Vakuumlichtgeschwindigkeit) stellt eine obere Grenzgeschwindigkeit für die Übertragung von Signalen dar.

Aufgaben

4.5 In einem Inertialsystem S_1 bewegen sich zwei Raumschiffe S_2 und S_3 mit unterschiedlichen Geschwindigkeiten v_2 und $v_3 > v_2$ in gleicher Richtung. Ihre Bewegungsfaktoren bezüglich S_1 seien k_{12} und k_{13}; der Bewegungsfaktor des Raumschiffes S_3, gemessen von S_2 aus, sei k_{23}. Von einem Punkt in S aus werden den beiden Raumschiffen im zeitlichen Abstand Δt zwei Lichtsignale hinterhergeschickt.

a) Zeichnen Sie in ein Minkowski-Diagramm die Weltlinien der Raumschiffe und der Lichtsignale.

b) Berechnen Sie mit Hilfe der Bewegungsfaktoren die Zeitintervalle, in denen die Lichtsignale von den Raumschiffen (Borduhren) empfangen werden.

c) Zeigen Sie, daß gilt: $k_{13} = k_{12} \cdot k_{23}$.

d) Leiten Sie aus dieser Beziehung die Formel für das Additionstheorem der Geschwindigkeiten her.

4.6 Zeigen Sie, daß der Ausdruck $K = x^2 + y^2 + z^2 - c^2\,t^2$ invariant ist gegenüber Lorentz-Transformationen.

4.7 In einem Science-Fiction-Roman schießt ein feindliches Raumschiff, das sich mit der Geschwindigkeit $v = 0{,}5\,c$ der Erde nähert, Geschosse auf die Erde ab, deren Geschwindigkeit relativ zum Raumschiff $v' = 0{,}8\,c$ ist.

Mit welcher Geschwindigkeit fliegen die Geschosse auf die Erde zu?

5. Relativistische Dynamik

5.1. Relativität der Masse

Aus der Beziehung über die Addition der Geschwindigkeiten läßt sich noch eine sehr wichtige Folgerung ziehen.
Man kann das Problem durch folgende Frage ansprechen:
Wirkt auf einen Körper eine Kraft, so wird er beschleunigt; warum aber kann er die Lichtgeschwindigkeit nicht übertreffen, selbst wenn man unbegrenzt eine Kraft auf ihn wirken läßt?

Offenbar setzt der Körper, je mehr sich seine Geschwindigkeit der Lichtgeschwindigkeit nähert, der antreibenden Kraft einen immer größeren Widerstand entgegen; in der Sprache der Dynamik: seine Trägheit wird größer.

Trägheit ist aber nur ein anderes Wort für „träge Masse"; wir können also sagen:
Je größer die Geschwindigkeit eines Körpers ist, um so größer ist seine träge Masse.

Wie die träge Masse eines Körpers von seiner Geschwindigkeit abhängt, soll anhand eines Gedankenversuches hergeleitet werden.

Wir bedienen uns zur Herleitung wieder einer zur Bewegungsrichtung x senkrechten Richtung y, nachdem wir wissen, daß in dieser Richtung Strecken unverändert bleiben.
Auf zwei parallel in x-Richtung verlaufenden Geleisen stellen wir uns je einen Eisenbahnwagen vor, von denen der eine (A) als gegenüber dem Bahnsteig ruhend angenommen wird, während der andere (B) sich mit der Geschwindigkeit v an ihm vorbeibewegt (Abb. 5.1).

In jedem der Wagen denken wir uns ein Koordinatensystem festgelegt; im „ruhenden" Wagen A das System S, im bewegten Wagen B′ das mit ihm mitbewegte System S′. Die vom S′-System aus gemessenen Größen sind durch einen Strich (′) gekennzeichnet, die von S aus gemessenen Größen sind ohne Strich (Abb. 5.1).

In der Newtonschen Mechanik spielt der Impulserhaltungssatz eine zentrale Rolle. Diesen Satz wollen wir auch in der relativistischen Mechanik als gültig annehmen. Wir müssen allerdings, wie sich zeigen wird, den Begriff des Impulses neu festlegen.

Wir nehmen nun an, daß sich in jedem der Waggons ein Körper befindet, dessen Masse in Ruhelage gemessen den Wert m_0 hat.

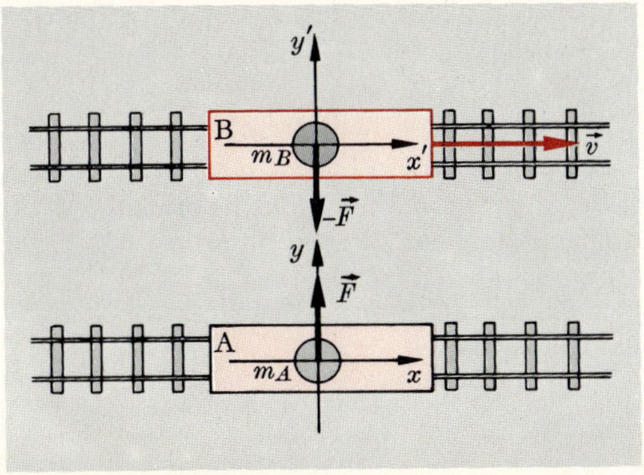

5.1 Die Massen m_A und m_B üben entgegengesetzt gleiche Kräfte aufeinander aus; sie erfahren die entgegengesetzt gleiche Impulsänderung in y-Richtung

Im Augenblick der Begegnung der beiden Waggons sollen diese Körper eine Anziehungskraft F aufeinander ausüben und dadurch eine kleine Impulsänderung in y-Richtung erhalten.
Da die beiden Massen gleich sind, ist auch die gegenseitige Wirkung aufeinander gleich: von S aus betrachtet erhält m_A die gleiche Geschwindigkeitskomponente u_A in y-Richtung, wie sie m_B von S′ aus gesehen erhält:

$$|u_A| = |u_B'| \tag{1}$$

Die Impulskomponenten in y-Richtung müssen sowohl von S aus, wie von S′ aus gemessen, gleich sein:

$$|m_A u_A| = |m_B u_B| \tag{2a}$$

$$|m_A' u_A'| = |m_B' u_B'| \tag{2b}$$

In der Gleichung (2a) kann nach Gleichung (1) u_A durch u_B' ersetzt werden; man erhält dann

$$|m_A \cdot u_B'| = |m_B \cdot u_B| \quad \text{oder} \quad \frac{m_B}{m_A} = \frac{|u_B'|}{|u_B|}. \tag{3}$$

Die Geschwindigkeiten lassen sich durch Weg- und Zeitangaben ausdrücken:

$$|u_B| = \frac{|\Delta y|}{\Delta t}, \quad |u_B'| = \frac{|\Delta y'|}{\Delta t'}$$

Da die Geschwindigkeiten in y-Richtung sehr gering sind, ist die Längenkontraktion in dieser Richtung zu vernachlässigen, also (nach 3.1) $|\Delta y'| = |\Delta y|$; dadurch erhält man für das Verhältnis Gleichung (3):

$$\frac{m_B}{m_A} = \frac{|u_B'|}{|u_B|} = \frac{\Delta t}{\Delta t'} \tag{4}$$

Nach der Formel für die Zeitdilatation (3.4.3.(7)) ist die vom bewegten System S′ aus gemessene Zeit $\Delta t'$ kürzer als die von S aus gemessene Zeit Δt:

$$\Delta t' = \Delta t \cdot \sqrt{1 - \frac{v^2}{c^2}}$$

Damit ergibt sich für das Verhältnis der ursprünglich als gleich angenommenen Massen

$$\frac{m_B}{m_A} = \frac{1}{\sqrt{1 - \frac{v^2}{c^2}}}.$$

m_B bedeutet die gegenüber S mit der Geschwindigkeit v bewegte Masse, m_A die ursprünglich in S ruhende Masse, die durch die Begegnung eine nur kleine Geschwindigkeitskomponente in y-Richtung erhalten hat. Wir können m_A mit der *Ruhemasse* m_0 gleichsetzen und erhalten

$$\boxed{m(v) = \frac{m_0}{\sqrt{1 - \frac{v^2}{c^2}}}}. \tag{5}$$

Wie die Herleitung dieser Formel zeigt, beruht die Vergrößerung der Masse allein auf der unterschiedlichen Zeitskala in gegeneinander bewegten Bezugssystemen. Durch die Verkürzung des Zeitmaßstabes erscheint von einem Inertialsystem aus die Trägheit eines dagegen bewegten Körpers vergrößert.
Die beschleunigende Kraft wirkt während einer kürzeren Zeit $\Delta t'$ auf den Körper. Da wir aber die Impulsänderung in beiden Systemen als gleich annehmen, deuten wir dies als eine Vergrößerung seiner trägen Masse.

Daraus läßt sich auch folgern, daß diese Vergrößerung der trägen Masse nicht nur, wie in unserer Herleitung der Gleichung (5), senkrecht zur Bewegungsrichtung auftritt, sondern auch *in* Bewegungsrichtung, da die Zeitdilatation unabhängig von der Bewegungsrichtung oder der Richtung einer auf den Körper wirkenden Kraft gegeben ist.

Aus Gleichung (5) ergibt sich nun auch die *relativistische Formel für den Impuls eines Körpers*:

$$\boxed{p(v) = m(v) \cdot v = \frac{m_0 \cdot v}{\sqrt{1 - \frac{v^2}{c^2}}}} \tag{6}$$

5.2. Experimentelle Ergebnisse zur Relativität der Masse

Bei der Messung der spezifischen Ladung des Elektrons hat sich erstmals gezeigt, daß die Masse von Elektronen nicht konstant ist, sondern mit wachsender Geschwindigkeit zunimmt.
Bucherer konnte diese Geschwindigkeitsabhängigkeit 1909 an β-Strahlen nachweisen.
Um Elektronen einheitlicher Geschwindigkeit zu erhalten, verwendete er das sogenannte Wiensche Filter. Die aus dem radioaktiven Präparat austretenden Elektronen treten in das elektrische Feld zwischen zwei Kondensatorplatten, in welchem sie stark abgelenkt werden und gegen die positive Platte laufen.
Die ganze Anordnung befindet sich nun im Magnetfeld einer großen Spule, dessen Feldlinien senkrecht zu denen des elektrischen Feldes und senkrecht zur Strahlrichtung verlaufen (Abb. 5.2). Die Felder sind so orientiert, daß die Ablenkung der Elektronen

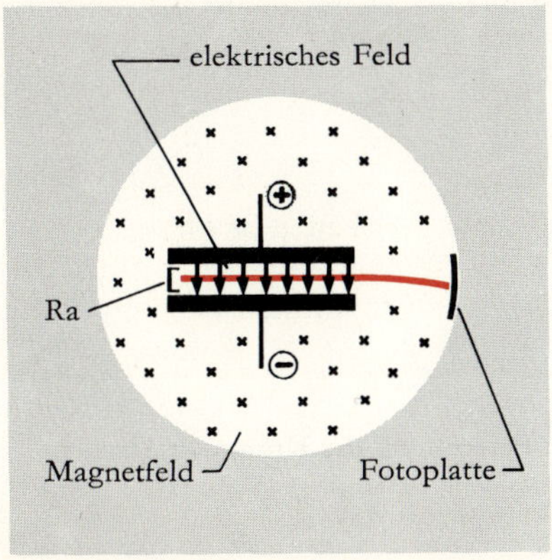

5.2 Versuchsanordnung von Bucherer. Elektrisches und magnetisches Feld sind senkrecht zueinander orientiert

durch das elektrische Feld durch die Wirkung des Magnetfeldes kompensiert wird. Dies ist der Fall, wenn $F_e = - F_L$ ist, also

$$e\,E = e \cdot v \cdot B$$ [1].

Das heißt: Es gehen nur diejenigen Elektronen geradlinig, also ungehindert durch die Kondensatoranordnung (Plattenabstand wenige zehntel Millimeter), deren Geschwindigkeit

$$v = \frac{E}{B} \quad \text{ist.} \tag{1}$$

Diese Anordnung erlaubt es also, Elektronen und andere geladene Teilchen nach ihrer Geschwindigkeit zu sortieren.

Nach dem Verlassen des elektrischen Feldes beschreiben die Elektronen, da im Magnetfeld die Lorentzkraft auf sie wirkt, einen Kreisbogen, aus dessen Krümmungsradius die spezifische Ladung der Elektronen bestimmt werden kann.

Da die Lorentzkraft als Radialkraft wirkt $\left(e \cdot v \cdot B = m \cdot \frac{v^2}{r}\right)$, erhält man mit (1)

$$\frac{q}{m} = \frac{v}{B \cdot r} = \frac{E}{B^2 \cdot r}. \tag{2}$$

Der Krümmungsradius r der Bahn läßt sich aufgrund einer geometrischen Überlegung aus s und d (Abb. 5.3) berechnen:

$$s^2 = d \cdot (2\,r - d) \quad \text{(Höhensatz!)}$$

$$s^2 = 2\,r\,d - d^2$$

$$s^2 \approx 2\,r\,d \quad (\text{da } d \ll 2\,r)$$

$$r \approx \frac{s^2}{2\,d} \tag{3}$$

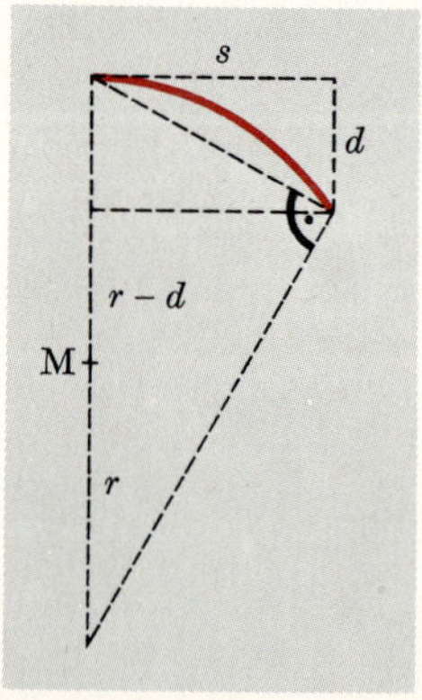

5.3 Zur Berechnung des Krümmungsradius

[1]) Siehe z. B. Band „Elektrizitätslehre" 2.1.4. und 3.1.3.

Das Ergebnis dieses Versuches ist in Abbildung 5.4 dargestellt. Setzt man die Konstanz der Elementarladung voraus, so zeigt sich deutlich eine *Zunahme der Masse bei wachsender Geschwindigkeit.*

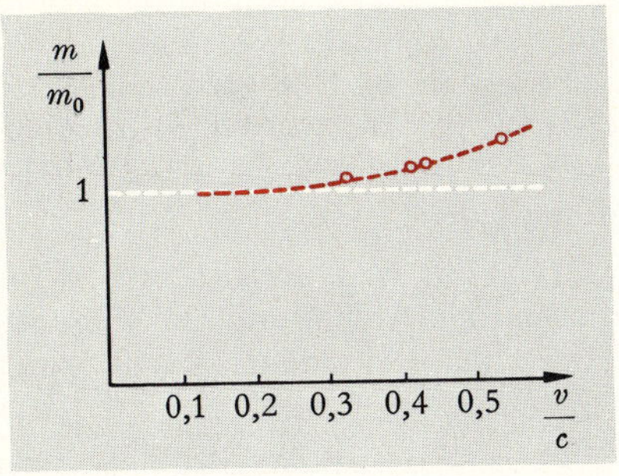

5.4 Versuchsergebnis von Bucherer

Noch überzeugender waren die Untersuchungen von *Kaufmann* (1910). Er überlagerte ein elektrisches und ein *gleichgerichtetes* magnetisches Feld und schickte ein Bündel Elektronen unterschiedlicher Geschwindigkeit (aus einem Radiumpräparat) hindurch (Abb. 5.5).

Da die Ablenkung im elektrischen Feld proportional zu $1/v^2$, die im Magnetfeld senkrecht dazu und proportional zu $1/v$ ist, müßten die Elektronen, je nach ihrer Geschwindigkeit, die Photoplatte in den Punkten einer Parabel treffen (Eliminination von v). Für Elektronen sehr großer Geschwindigkeit, also in der Nähe des Scheitels der Parabel, zeigte sich aber eine starke Abweichung von der Parabel (Abb. 5.6).

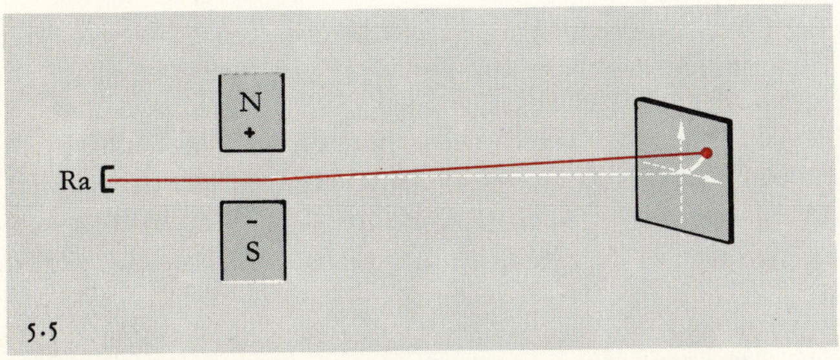

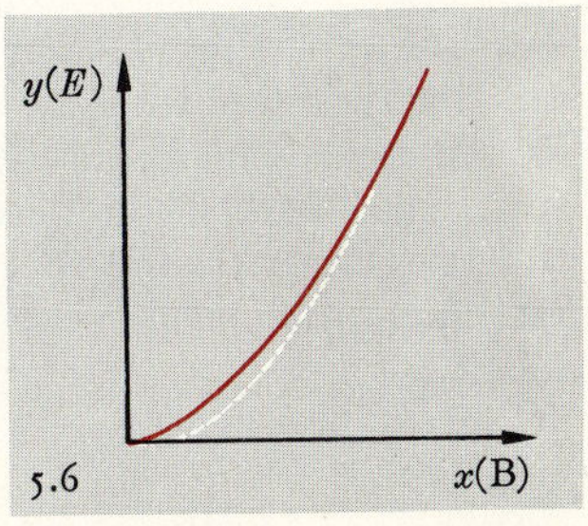

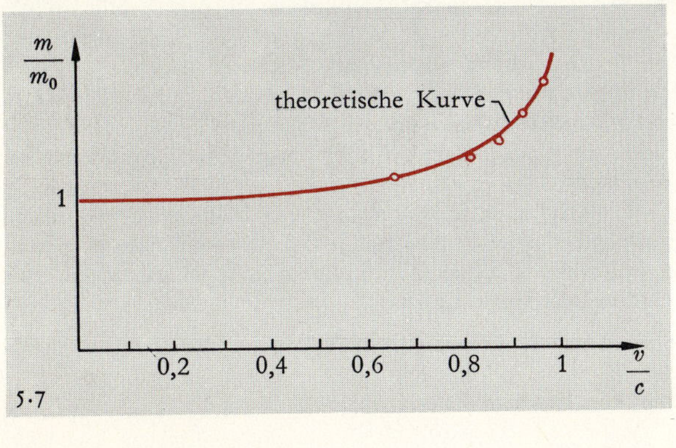

5.5 Versuchsanordnung von Kaufmann. Elektrisches und magnetisches Feld sind gleichgerichtet

5.6 Versuchsergebnis von Kaufmann

5.7 Abhängigkeit der Masse von der Geschwindigkeit mit Versuchsergebnissen von Kaufmann (°)

Kaufmann errechnete daraus eine Massenzunahme der Elektronen bei großen Geschwindigkeiten, die in Abb. 5.7 dargestellt ist.

Aus beiden Versuchen ergibt sich zunächst die *spezifische Ladung* der Elektronen.
Aus verschiedenen Experimenten hat sich ergeben, daß die Ladung des Elektrons unabhängig von seiner Geschwindigkeit stets den gleichen Wert hat.
Dies läßt sich z.B. daraus schließen, daß die kinetische Energie von Elektronen, welche die Spannung U durchlaufen haben, stets $e \cdot U$ ist (Messung der beim Aufprall auf das Anodenblech von diesem aufgenommenen Wärme); dies wäre nicht der Fall, wenn e mit wachsender Geschwindigkeit abnehmen würde.

Ein direkter Nachweis der Konstanz von e läßt sich mit Hilfe der Beugung von Elektronenwellen führen. Der Impuls eines Elektrons kann aus der Ablenkung im Magnetfeld ermittelt werden ($p = e \cdot r \cdot B$), andererseits aber auch aus der Wellenlänge von Elektronenwellen $\left(p = \frac{h}{\lambda}\right)$. Durch Gleichsetzen erhält man eine Beziehung, aus der sich e bestimmen läßt. Bei verschiedenen Geschwindigkeiten der Elektronen ergibt sich so stets der gleiche Wert für e.

Da es also als gesichert gilt, daß sich die Elementarladung nicht ändert, erhält man aus den Versuchen von Bucherer und Kaufmann das Ergebnis:

Die Masse der Elektronen ist nicht konstant, sondern nimmt mit wachsender Geschwindigkeit zu.

Damit bestätigen diese Versuche die in 5.1. hergeleitete Formel für die Abhängigkeit der Masse eines Körpers von der Geschwindigkeit, die er gegenüber dem Inertialsystem besitzt, von dem aus die Masse gemessen wird.

Aus den Ablenkversuchen von Elektronen im Magnetfeld ergibt sich zunächst nur, daß sich die träge Masse der Elektronen senkrecht zur Bewegungsrichtung vergrößert, so wie dies auch in Abschnitt 5.1. hergeleitet worden war.
Aus Experimenten zur Beschleunigung von Elektronen ist jedoch gesichert, daß auch *in* Bewegungsrichtung in gleicher Weise eine Vergrößerung der Masse auftritt; dies hat eine große praktische Bedeutung bei der Konstruktion von Beschleunigungsanlagen.

Aufgaben

5.1 a) In das homogene Feld eines Plattenkondensators tritt senkrecht zu den Feldlinien ein Elektronenstrahl ein. Berechnen Sie seine Ablenkung in Abhängigkeit von der Feldstärke E, der Geschwindigkeit v und der im Kondensator zurückgelegten Strecke d.

b) An die Stelle des elektrischen Feldes tritt ein gleichgerichtetes Magnetfeld der Flußdichte B. Berechnen Sie die Ablenkung des Elektronenstrahls in diesem Magnetfeld.

c) Welche Ablenkung erfährt der Elektronenstrahl, wenn beide Felder gleichzeitig eingeschaltet sind?

d) Der Elektronenstrahl besteht aus Elektronen unterschiedlicher Geschwindigkeit ($< 0{,}1\,c$). Am Ende der Strecke d befindet sich eine Fotoplatte senkrecht zum unabgelenkten Elektronenstrahl. Berechnen Sie, auf welcher Linie die Punkte liegen, in denen, bei eingeschalteten Feldern, die Elektronen auf die Platte treffen.

5.2 Ein Elektronenstrahl tritt in ein homogenes Magnetfeld der Flußdichte $B = 5{,}5 \cdot 10^{-2}\,\frac{\mathrm{V\,s}}{\mathrm{m}^2}$ senkrecht zu den Feldlinien ein.
Die Elektronen beschreiben eine Kreisbahn mit dem Radius 5 cm.

a) Zeigen Sie, daß eine nichtrelativistische Berechnung der Geschwindigkeit keinen sinnvollen Wert ergibt.
b) Berechnen Sie die Geschwindigkeit der Elektronen unter Berücksichtigung der Relativität der Massen.

5.3 (nach einer Abiturprüfungsaufgabe 1975)
Ein radioaktives Präparat emittiert Elektronen unterschiedlicher Geschwindigkeit. Mit einem Wienschen Filter (elektrisches und magnetisches Feld senkrecht zueinander und senkrecht zu v) werden Elektronen einheitlicher Geschwindigkeit ausgefiltert.
Nach dem Passieren einer Lochblende erreichen die Elektronen ein Gebiet, in dem von diesen Feldern nur noch das Magnetfeld weiterbesteht.
Ist der Betrag der elektrischen Feldstärke $E = 7{,}2 \cdot 10^6 \frac{\text{V}}{\text{m}}$ und der Betrag der magnetischen Flußdichte $B = 0{,}030 \frac{\text{V s}}{\text{m}^2}$, so beschreiben die Elektronen nach Verlassen des Geschwindigkeitsfilters eine Kreisbahn mit 7,5 cm Radius. Berechnen Sie die Geschwindigkeit und die spezifische Ladung der Elektronen.

5.3. Masse und Energie

5.3.1. Die Masse-Energie-Beziehung

Mit dem Deutschen Elektronen-Synchrotron (DESY) in Hamburg werden Elektronen auf Geschwindigkeiten gebracht, die innerhalb der Meßgenauigkeit gleich der Lichtgeschwindigkeit sind ($v = 0{,}99999998\, c$).

Trotzdem werden Beschleunigungsanlagen für noch größere Teilchenenergien gebaut. Man erreicht dadurch keine Vergrößerung der Geschwindigkeit mehr, die *direkt* nachweisbar wäre, vielmehr dienen diese Anlagen dazu, die Masse der Teilchen weiter zu vergrößern.

Durch die im elektrischen Feld an den Teilchen verrichtete Arbeit wird also die Masse dieser Teilchen vergrößert.

Aus entsprechenden Überlegungen folgert Einstein die Äquivalenz von Masse und Energie:
Wird ein Körper mit der Ruhemasse m_0 von der Ruhe auf die Geschwindigkeit v beschleunigt, so ist seine Massenzunahme

$$\Delta m = m(v) - m_0 = \frac{m_0}{\sqrt{1 - \frac{v^2}{c^2}}} - m_0 \,.$$

Ist $v \ll c$, so kann man den Ausdruck $\frac{1}{\sqrt{1 - \frac{v^2}{c^2}}}$ durch $1 + \frac{1}{2} \frac{v^2}{c^2}$ annähern, damit wird

$$\Delta m = m(v) - m_0 = m_0 \cdot \frac{1}{2} \frac{v^2}{c^2}$$

$$= \frac{m_0}{2} \cdot v^2 \cdot \frac{1}{c^2}$$

$$\boxed{\Delta m = E_{\text{kin}} \cdot \frac{1}{c^2}} \qquad (1)$$

Wir können das Ergebnis so deuten:
Durch Zuführung der kinetischen Energie E_{kin} hat sich die Masse des Körpers um $\frac{E_{\text{kin}}}{c^2}$ vergrößert. Das bedeutet:

Die dem Körper zugeführte Energie besitzt träge Masse.

Wir wollen diese Tatsache an einem zweiten Gedankenversuch noch verdeutlichen: Zwei Körper mit der Ruhemasse m_0 sollen mit entgegengesetzt gleicher Geschwindigkeit v und $-v$ aufeinander zufliegen und unelastisch zusammenstoßen. Da sie sich gegenüber dem (gemeinsamen) Schwerpunktsystem bewegen, hat jeder in diesem System die Masse $\frac{m_0}{\sqrt{1-\frac{v^2}{c^2}}}$.

Nach dem Stoß sind sie in Ruhe; wie groß ist dann die Masse der beiden Kugeln? (Abb. 5.8).

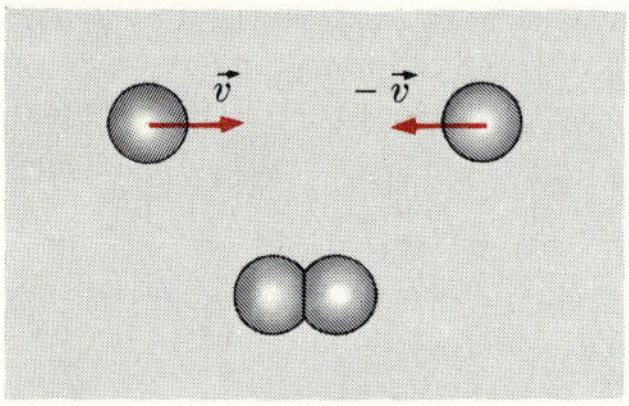

5.8 Die Gesamtmasse der beiden Kugeln bleibt erhalten

Wäre sie dann m_0, dann wäre ihre Masse um

$$\Delta m = \frac{m_0}{\sqrt{1-\frac{v^2}{c^2}}} - m_0$$

$$\approx m_0\left(1 + \frac{1}{2}\,\frac{v^2}{c^2}\right) - m_0 \approx \frac{1}{c^2}\cdot\frac{m_0}{2}\cdot v^2 \approx \frac{E_{\text{kin}}}{c^2}$$

geringer. Tatsächlich hat sich aber ihre Masse nicht geändert.
Durch den unelastischen Zusammenstoß haben sich die beiden Körper erwärmt; die kinetische Energie tritt als innere Energie U der Körper wieder in Erscheinung und ihr entspricht eine Massenzunahme $\frac{U}{c^2}$. Insgesamt sind also die Massen der Kugeln beim Zusammenstoß konstant geblieben.
Einstein verallgemeinerte dieses Ergebnis zu der Aussage:

Jede Energie E hat die träge Masse $m_E = \frac{E}{c^2}$. (2)

Kühlen sich die beiden Körper wieder ab, das heißt, geben sie ihre innere Energie als Wärme nach außen ab, so verringert sich auch ihre Masse um den entsprechenden Betrag.

Jede Massenänderung Δm ist also der Energieänderung $\Delta m \cdot c^2$ äquivalent.

Dieser Satz gehört zu den wichtigsten Erkenntnissen der modernen Physik. In ihm sind zwei Erhaltungssätze der klassischen Physik vereinigt: der Energieerhaltungssatz und der Erhaltungssatz für die Massen.

Die *Äquivalenz von Masse und Energie* spielt in der Kern- und Elementarteilchenphysik eine außerordentliche Rolle und ohne diese theoretischen Erkenntnisse Einsteins könnte man viele experimentelle Ergebnisse in diesen Forschungsbereichen nicht verstehen. Die Energieversorgung durch Kernkraftwerke, die in der Gegenwart und nahen Zukunft eine wachsende Bedeutung gewinnt, ist ein Beispiel für die Wichtigkeit dieser Entdeckung.

Auch die Energieabstrahlung der Sonne hat damit eine Erklärung gefunden.
Die von der Sonne in einer bestimmten Zeit abgestrahlte Energie kann man ermitteln, wenn man die Leistung der von der Sonne auf die Erde fallenden Strahlung mißt (Solarkonstante). Man erhält $\frac{P}{A} = 1{,}4 \frac{\text{kW}}{\text{m}^2}$, und daraus die pro Sekunde von der Sonne abgestrahlte Energie von $4 \cdot 10^{26}$ J. Das entspricht nach Gleichung (2) einen Massenverlust der Sonne von $4{,}4 \cdot 10^9$ kg in jeder Sekunde oder $1{,}4 \cdot 10^{17}$ kg im Jahr. Letzteres ist aber nur 7 Hundertbillionstel der Gesamtmasse der Sonne.

Aufgaben

5.4 Unser Milchstraßensystem hat einen Durchmesser von 10^5 Lichtjahren. Die höchste bekannte Energie von Partikeln der kosmischen Strahlung beträgt etwa 10^{19} eV.
Wie lange braucht ein Proton ($m_0 = 1{,}67 \cdot 10^{-27}$ kg) mit dieser Energie, um die Milchstraße zu durchmessen, bezogen auf das Zeitmaß des Ruhesystems
a) der Galaxis?
b) des Teilchens?

5.5 (Aus einer Abiturprüfungsaufgabe 1976)
Ein bewegtes Elementarteilchen (Ruhemasse m_0) besitzt zunächst die kinetische Energie $E_{\text{kin}} = m_0 c^2$, bis es vollkommen unelastisch mit einem anfänglich ruhenden Teilchen zusammenstößt, das vor dem Stoß ebenfalls die Ruhemasse m_0 hat.
Berechnen Sie die Ruhemasse des nach dem Stoß zusammengesetzten Teilchens.

5.3.2. Strahlungsdruck

Auch *Strahlungsenergie* hat Masse; sie besitzt also *Trägheit* und kann *Impuls* übertragen. Dies wurde mehrfach, z.B. von *Gerlach* mit einer Anordnung ähnlich der sogenannten „*Lichtmühle*" gezeigt. Im Gegensatz zur Lichtmühle war aber hier ein extrem gutes Vakuum notwendig.
Die folgende Überlegung zeigt, daß man diese Eigenschaft der Strahlungsenergie auch ohne Verwendung der Relativitätstheorie verstehen kann. Doch ist dies nur scheinbar der Fall, da die Lorentzkraft, die bei der folgenden Herleitung verwendet wird, nach 3.7. ein relativistischer Effekt ist.

Wir betrachten eine elektromagnetische Welle, welche auf eine Ladung q (z.B. ein Elektron) trifft.

Diese Ladung führt im E-Feld der Welle Schwingungen aus, in Richtung des E-Vektors, also senkrecht zum B-Vektor. Dadurch wirkt auf diese Ladung die Lorentzkraft in Richtung der Wellenausbreitung (Abb. 5.9, s. S. 60).

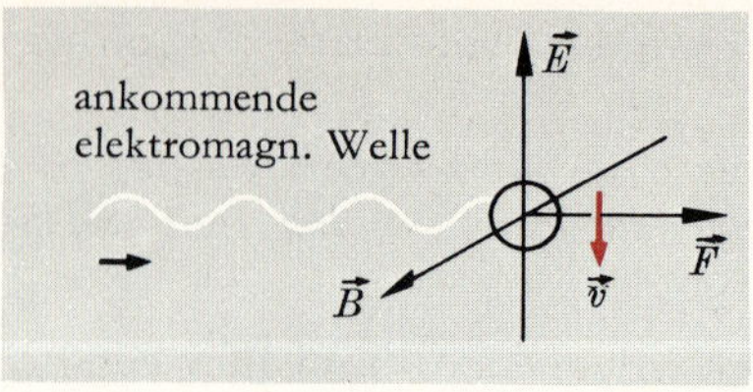

5.9 Impuls einer Lichtwelle

Den auf die Ladung übertragenen Impuls können wir wie folgt berechnen:
In Band „Elektrizitätslehre“ wurde in Abschnitt 5.7. für die elektrische und magnetische Feldstärke einer elektromagnetischen Welle der Zusammenhang gefunden $E = B \cdot c$. Für die auf die Ladung q wirkende Lorentzkraft erhält man damit

$$F_L = q \cdot v \cdot B = q \cdot \frac{E \cdot v}{c}.$$

$q \cdot E$ ist die vom elektrischen Feld auf die Ladung ausgeübte Kraft F_e, den zeitlichen Mittelwert dieser Kraft bezeichnen wir mit $\overline{F}_e = q \cdot \overline{E}$. Wird die Ladung q durch diese Kraft um die Strecke Δx verschoben, so wird an ihr im zeitlichen Mittel die Arbeit $\Delta W = \overline{F}_e \cdot \Delta x = q \cdot \overline{E} \cdot \Delta x = q \cdot \overline{E} \cdot v \cdot \Delta t$ verrichtet. In der Zeit Δt wirkt auf die Ladung q in Richtung der Wellenausbreitung der Kraftstoß $F_L \cdot \Delta t$; der in dieser Zeit auf die Ladung übertragene Impuls ist also

$$p = F_L \cdot \Delta t = \frac{q \overline{E} v}{c} \cdot \Delta t = \frac{\Delta W}{c}.$$

Daraus kann man schließen, daß eine Strahlungsenergie W den Impuls $p = \frac{W}{c}$ besitzt; damit besitzt sie aber auch Masse, da $p = m \cdot c$ ist. Das führt wieder zu der Gleichung $m = \frac{W}{c^2}$, die in zwei Richtungen gelesen werden kann:

Jede Energie W hat die Masse $m = \frac{W}{c^2}$, und

jeder Masse m ist die Energie $W = m \cdot c^2$ äquivalent.

5.4. Relativistische Berechnung der kinetischen Energie

In Band „Mechanik“ wurde für die kinetische Energie eines bewegten Körpers die Beziehung hergeleitet

$$E_{\text{kin}} = \frac{1}{2} m v^2 . \qquad (1)$$

Wir haben aber erkannt, daß mit wachsender Geschwindigkeit auch die Masse des beschleunigten Körpers zunimmt, die verrichtete Beschleunigungsarbeit also zur Vergrößerung der Masse aufgewendet wird.

Wir müssen also dieses Problem für große Geschwindigkeiten, bei denen die Massenzunahme eine Rolle spielt, neu überdenken.

Dazu betrachten wir einen Körper mit der Ruhemasse m_0, der aus der Ruhe (bezogen auf ein Inertialsystem S) auf die Geschwindigkeit v beschleunigt wird.
Der Körper besitzt im Ruhezustand die *Ruheenergie*

$$E(0) = m_0 c^2;$$

nach erfolgter Beschleunigung hat seine Energie auf

$$E(v) = m(v) \cdot c^2 = \frac{m_0}{\sqrt{1-\frac{v^2}{c^2}}} \cdot c^2$$

zugenommen; es wurde demnach für die Beschleunigung die Arbeit

$$W = E(v) - E(0) \qquad \text{aufgewendet.}$$

Diese Arbeit wurde in kinetische Energie des Körpers übergeführt, so daß wir erhalten

$$E_{\text{kin}} = W = E(v) - E(0);$$

$$E_{\text{kin}} = \frac{m_0}{\sqrt{1-\frac{v^2}{c^2}}} \cdot c^2 - m_0 c^2;$$

$$\boxed{E_{\text{kin}} = m_0 c^2 \left(\frac{1}{\sqrt{1-\frac{v^2}{c^2}}} - 1 \right)} \tag{2}$$

Abgekürzt läßt sich dafür auch schreiben:

$$\boxed{E_{\text{kin}} = (m - m_0) \cdot c^2} \tag{3}$$

Gleichung (2) ist der *relativistische Ausdruck für die kinetische Energie eines Körpers.*

Für kleine Geschwindigkeiten geht diese Formel über in die Formel (1) $\left(\text{durch Verwendung der Näherung } 1\Big/\sqrt{1-\frac{v^2}{c^2}} \approx 1 + \frac{1}{2}\,\frac{v^2}{c^2}\right)$.

Ist $\frac{v}{c} = 0{,}1$, so ergibt sich bei Anwendung dieser Näherung ein Fehler von 0,6%; wenn keine größere Genauigkeit erforderlich ist, kann deshalb für $v < 0{,}1\,c$ die Näherungsformel (1) verwendet werden.
Für $v > 0{,}1\,c$ ist im allgemeinen Gleichung (2) zu verwenden.

Beispiel:

Wie groß ist die Geschwindigkeit von Elektronen, welche eine Spannung von 200 kV durchlaufen haben?
Die Arbeit, die vom elektrischen Feld an den Elektronen verrichtet wird, ist $W = e \cdot U$.
Würden wir für die kinetische Energie, welche ein Elektron dadurch gewinnt, probe-

weise $E_{\text{kin}} = \frac{1}{2}\, m\, v^2$ verwenden, so würden wir eine Geschwindigkeit von

$$v = \sqrt{2\, U \cdot \frac{e}{m}} = \sqrt{2 \cdot 2 \cdot 10^5\,\text{V} \cdot 1{,}76 \cdot 10^{11}\,\text{C kg}^{-1}} = 2{,}6 \cdot 10^8\,\frac{\text{m}}{\text{s}}$$

erhalten, das ist nahezu Lichtgeschwindigkeit.

Dieser Ansatz war also nicht erlaubt, wir müssen vielmehr die Formel (2) verwenden:

$$e \cdot U = m_0\, c^2 \left(\frac{1}{\sqrt{1 - \frac{v^2}{c^2}}} - 1 \right)$$

Berechnet man aus dieser Gleichung v, so ergibt sich

$$v = 2{,}08 \cdot 10^8\,\frac{\text{m}}{\text{s}}\,.$$

5.5. Die Energie-Impuls-Beziehung

Zwei fundamentale Größen der klassischen Mechanik sind der Impuls eines Körpers und die Energie.

Es soll nun untersucht werden, wie sich diese Größen in zwei verschiedenen Inertialsystemen darstellen.

In Abschnitt 5.1. wurde gezeigt, daß der relativistische Impuls gegeben ist durch

$$p = m \cdot v = \frac{m_0\, v}{\sqrt{1 - \frac{v^2}{c^2}}}\,. \tag{1}$$

Für die Gesamtenergie eines Körpers gilt nach 5.3. die Beziehung

$$E = m \cdot c^2\,. \tag{2}$$

Nach 5.1., Gleichung (5) ist

$$m = \frac{m_0}{\sqrt{1 - \frac{v^2}{c^2}}}\,;$$

löst man diese Gleichung nach v auf und setzt in (1) ein, so erhält man

$$p = m \cdot c \cdot \sqrt{1 - \frac{m_0^2}{m^2}}$$

und durch Quadrieren

$$p^2 = m^2\, c^2 \left(1 - \frac{m_0^2}{m^2}\right) = m^2\, c^2 - m_0^2\, c^2\,.$$

$m\, c^2$ ist die Energie eines Körpers der Masse m, $m_0\, c^2$ seine Ruheenergie. Multipliziert man also noch mit c^2, so erhält man die wichtige Beziehung

$$\boxed{p^2 c^2 = E^2 - E_0^2}\,. \tag{3}$$

Diese Gleichung gibt den Zusammenhang zwischen Impuls und Energie eines Körpers an.

Gleichung (3) läßt sich aber auch noch anders interpretieren. Schreibt man sie in der Form

$$E^2 - c^2 p^2 = E_0^2\,, \tag{4}$$

so erhält man auf der rechten Seite eine Konstante (E_0 ist die Gesamtenergie eines Teilchens in einem Inertialsystem, in dem dieses Teilchen ruht).

Das bedeutet, daß die linke Seite von (4) in jedem beliebigen Inertialsystem den gleichen Wert hat, also eine *Invariante gegenüber der Lorentztransformation* ist:

$$\boxed{E^2 - c^2 p^2 = E'^2 - c^2 p'^2}$$

In 5.3 wurde die Gesetzmäßigkeit von der Trägheit der Energie hergeleitet. Aus Gleichung (3) läßt sich nun das Gesetz für den Sonderfall der Lichternergie herleiten (5.3.(2)).

Da sich Licht stets mit der Geschwindigkeit c ausbreitet, gibt es keine Ruheenergie, es ist $E_0 = 0$. (Man sagt auch, die Ruhemasse der Photonen sei Null.)

Gleichung (3) geht damit über in

$$p \cdot c = E \quad \text{oder} \quad p = \frac{E}{c}\,.$$

Wegen $p = m \cdot c$ (Masse mal Geschwindigkeit!) erhält man daraus wieder $m = \frac{E}{c^2}$, also die Aussage, daß die Lichtenergie E die Masse $m = \frac{E}{c^2}$ besitzt.

Neben Impuls und Energie spielt in der klassischen Physik noch die *Leistung* eine gewisse Rolle. Sie ist definiert durch die Beziehung $P = \frac{\Delta E}{\Delta t}$, also als zeitliche Energieänderung eines Systems.

Es soll nun untersucht werden, wie diese Beziehung in der relativistischen Mechanik zu deuten oder zu variieren ist.

Wir deuten E als die Gesamtenergie eines bewegten Körpers, mit $E^2 = c^2 p^2 + E_0^2$.

Durch Differentiation dieser Gleichung nach t erhalten wir

$$2\,E \frac{dE}{dt} = 2\,c^2 p \frac{dp}{dt}\,.$$

Mit $E = m\,c^2$ folgt daraus für die Leistung $\left(= \frac{\text{Arbeit}}{\text{Zeit}}\right)$

$$P = \frac{dE}{dt} = \frac{p}{m}\frac{dp}{dt} = \frac{p}{m} \cdot F\,;$$

$$\boxed{P = v \cdot F}\,.$$

Wir erhalten somit wieder eine Beziehung, die auch in der klassischen Mechanik in dieser Form gilt.

Aufgaben

5.6 Elektronen (Masse = $9{,}1 \cdot 10^{-31}$ kg) werden aus der Ruhelage durch eine Spannung von 300000 V beschleunigt.

a) Welche Endgeschwindigkeit erreichen sie dadurch und wie lange brauchen sie, um anschließend eine Strecke von 100 m zu durchlaufen?

b) Wie lang ist diese Strecke, vom Ruhesystem der Elektronen aus gemessen, und in welcher Zeit wird sie, von diesem System aus gemessen, durchlaufen?

5.7 a) Welche Spannung muß ein Elektron durchlaufen, damit sich seine Masse um 1% vergrößert?

b) Welche Geschwindigkeit erreicht es dabei?

5.8 Die Strahlungsleistung der Sonne an einem heiteren Sommertag ist etwa 0,5 kW pro Quadratmeter Fläche.

Wie groß ist die Masse der an einem 12-Stunden-Tag auf eine Fläche von 10 m² eingestrahlten Sonnenenergie?

5.9 Ein Körper bewegt sich mit einer Geschwindigkeit von $2{,}5 \cdot 10^{8}\,\frac{\mathrm{m}}{\mathrm{s}}$.

Wie groß ist seine Geschwindigkeit, wenn seine Gesamtenergie verdoppelt wird?

5.10 a) Die Erde hat eine Masse von $6 \cdot 10^{24}$ kg und bewegt sich mit einer mittleren Geschwindigkeit von $30000\,\frac{\mathrm{m}}{\mathrm{s}}$ um die Sonne.

Wie groß ist die Masse, die ihrer kinetischen Energie entspricht?

b) Mit welcher Geschwindigkeit müßte sie sich bewegen, damit ihre Masse um 1 ‰ größer würde? Wie groß wäre dann ihre Umlaufzeit um die Sonne? ($m_{\mathrm{Sonne}} = 2 \cdot 10^{30}$ kg).

Warum ist das nicht möglich?

6. Ergänzungen und Ausblick

6.1. Minkowskis Raum-Zeit-Welt

Das im Jahre 1908 von H. Minkowski eingeführte Minkowski-Diagramm hat sich als wertvolles Hilfsmittel erwiesen, die in der speziellen Relativitätstheorie auftretenden Zusammenhänge zu verdeutlichen. In einem solchen Diagramm kann ein Ereignis, das an einem bestimmten Ort und zu einem bestimmten Zeitpunkt stattfindet, durch einen Punkt dargestellt werden (Punktereignis).
Die Bildkurve einer Folge von Ereignissen ist die *Weltlinie*.
Das Minkowski-Diagramm stellt einen graphischen Fahrplan für Ereignisse dar.

Die Geschwindigkeit, mit der sich ein Körper bewegt, kann nicht größer sein als die Lichtgeschwindigkeit. Wird von einem Punktereignis P ein Lichtsignal ausgesandt, so wird die Ausbreitung des Lichtes durch die beiden, durch die Wahl geeigneter Einheiten auf den Achsen unter 45° geneigten Geraden durch P dargestellt. Die Weltlinie von P kann dann nur in den beiden Viertelebenen zwischen diesen Geraden verlaufen (Abb. 6.1). Da die Zeit nur in einer Richtung verläuft, ist links von P der *„Vergangenheitsraum"*, rechts von P der *„Zukunftsraum"*.

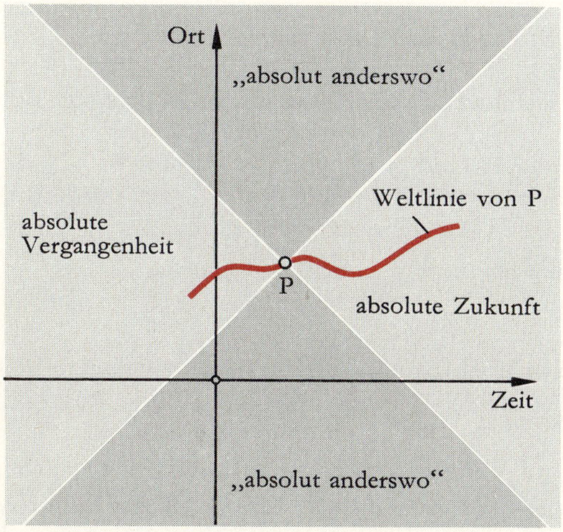

6.1 Minkowskis Raum-Zeit-Welt

In Abbildung 6.2 sind zwei Punktereignisse R und S dargestellt, die für einen Beobachter im t-x-System zu verschiedenen Zeiten t_1 und t_2 stattfinden. Ein Beobachter B, dessen Weltlinie durch die Gerade b dargestellt ist, stellt jedoch fest, daß die beiden Ereignisse gleichzeitig zur Zeit t' stattfinden.

Jedes Ereignis, das im Zukunftsraum dargestellt ist, findet für *jeden* Beobachter später statt als P. Diese Viertelebene stellt für P die *„absolute Zukunft"* dar.
Entsprechend sind alle Punktereignisse in der linken Viertelebene *„absolute Vergangenheit"* für P.

Mit P in irgendeinem Inertialsystem gleichzeitige Ereignisse liegen in den beiden schraffierten Viertelebenen der Abbildung 6.2. Alle Gleichzeitigkeitsgeraden durch P füllen

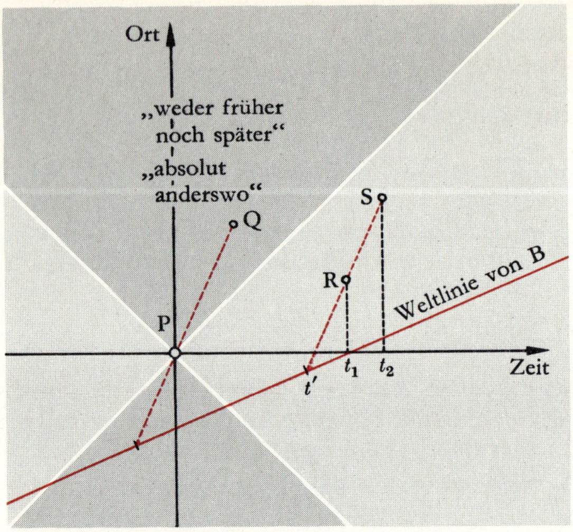

6.2 Die Punktereignisse R und S finden für P zu verschiedenen Zeiten, für B gleichzeitig statt. Ebenso ist für B das Ereignis Q gleichzeitig mit P

diese Felder aus. Für den Beobachter B findet z.B. das Punktereignis Q gleichzeitig mit P statt.
Kein Punktereignis in diesen Feldern hat aber von einem beliebigen Beobachter aus den gleichen Ort wie P; diese Felder stellen das „*absolut anderswo*“ dar.
Die Punktereignisse in diesen Feldern sind „*weder früher noch später*“ als P; die Gegenwart ist also nicht auf einen unendlich kurzen Zeitpunkt beschränkt, sondern umfaßt einen endlichen zeitlichen Bereich, dessen Ausdehnung vom räumlichen Abstand des Ereignisses vom Beobachter abhängig ist.

Wir können dies so ausdrücken:

Raum und Zeit existieren nicht unabhängig von einander, sie gehen vielmehr eine Verbindung ein, eine Art „Raum-Zeit“, in der das eine ohne das andere seinen Sinn verliert.

In einem der schraffierten Felder „*absolut anderswo*“ sei wieder ein Punktereignis Q betrachtet. Da es weder früher noch später als P ist, kann es kausal von P nicht beeinflußt werden, es kann aber auch P nicht kausal beeinflussen. Denn eine solche Beeinflussung könnte höchstens mit Lichtgeschwindigkeit erfolgen; wie man aus Abbildung 6.2 leicht erkennt, müßte die Weltlinie eines entsprechenden Signales aber steiler als die Lichtgerade verlaufen.

Ein Beispiel soll dies erläutern:
Eine automatische Marssonde wird von der Erde aus durch Funkkontakt gesteuert. Das Signal braucht von der Erde zum Mars z.B. 8 Minuten. Eine Funktion, welche die Sonde ausführt, muß immer später erfolgen als der Befehl dazu von der Erde abgeht. Auch ein Raumschiff, das mit großer Geschwindigkeit von der Erde zum Mars fliegt (oder umgekehrt), wird Ursache und Wirkung in der richtigen Reihenfolge feststellen.

Anders ist es, wenn wir zwei Ereignisse betrachten, die nicht kausal abhängig sind. Würde z.B. der Techniker, nachdem er den Funkbefehl zur Marssonde gegeben hat, seine Pfeife anzünden, so könnte die Raumschiffbesatzung die Ausführung des Funkbefehls durch die Sonde beobachten, bevor die Pfeife angezündet wird, gleichzeitig damit oder danach, je nach der Geschwindigkeit und Richtung, mit der sich das Raumschiff zwischen Erde und Sonde bewegt (Abb. 6.3). Voraussetzung für diesen Effekt ist lediglich, daß das eine Punktereignis im Feld „weder früher noch später" (bzw. „absolut anderswo") bezüglich des anderen Punktereignisses liegt.

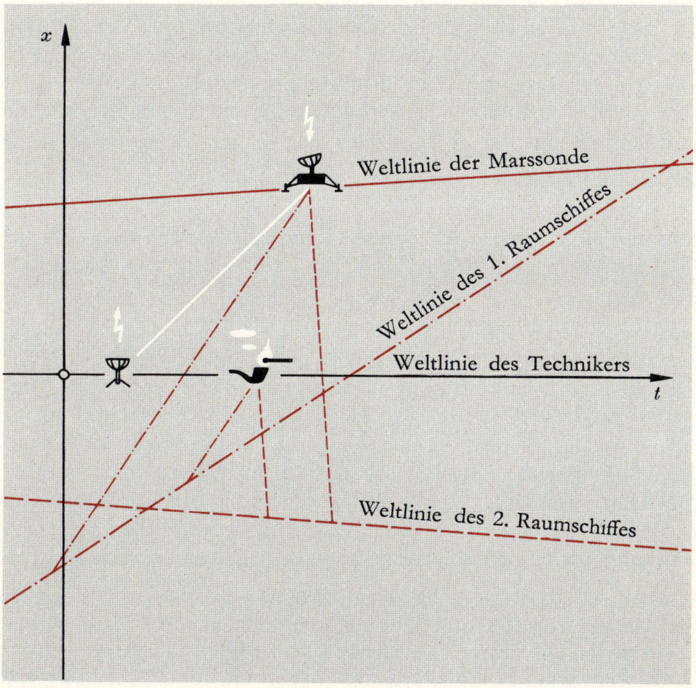

6.3 Raumschiff 1 registriert die Ausführung des Funkbefehls vor dem Anzünden der Pfeife, Raumschiff 2 dagegen danach

6.2 Ausblick auf die allgemeine Relativitätstheorie

Die spezielle Relativitätstheorie ist eine Theorie der Bezugssysteme. Sie gilt speziell für Inertialsysteme, also für Systeme, die sich geradlinig und gleichförmig gegeneinander bewegen.

In der allgemeinen Relativitätstheorie hat Einstein versucht, dieses Prinzip zu verallgemeinern, damit es auch auf *beschleunigte Bezugssysteme* anwendbar wird. Er postuliert die Gleichwertigkeit aller beliebig bewegten Systeme.

Nun sagt uns aber die Erfahrung, daß in beschleunigten Systemen Kräfte wirksam sind, wir nennen sie *Trägheitskräfte*. Mit anderen Worten: die Beschleunigung eines Systems läßt sich physikalisch nachweisen.

Einstein sagt: Nein! Er erläutert dies mit folgendem Beispiel:
Wir befinden uns in einem „kleinen Kasten" im Weltraum. Wenn keine Kraft auf den Kasten wirkt, schweben wir, und verschiedene Gegenstände, frei im Kasten.

Wir beobachten plötzlich, daß die Gegenstände eine beschleunigte Bewegung ausführen und sich nach einer Wand, die wir „Boden" nennen, bewegen. Wir springen hoch und fallen wieder auf den Boden zurück.
Es wirkt eine Kraft, die uns an den Boden fesselt.

Woher kommt sie?
Es gibt zwei Möglichkeiten, die Erscheinung zu deuten:
Entweder befindet sich der Kasten auf einem Himmelskörper und es wirkt die *Gravitationskraft*, oder der Kasten wird durch eine konstant wirkende Kraft nach „oben", d.h. in die dem Boden entgegengesetzte Richtung *beschleunigt*. Ein Beobachter im Kasten kann, wenn er nicht aus dem Kasten hinaussehen kann, nicht enscheiden, welcher dieser beiden Fälle vorliegt.

Einstein stellte daher folgendes *Äquivalenzprinzip* auf:

Es gibt keinen lokal meßbaren Unterschied zwischen den Wirkungen eines Gravitationsfeldes und den Wirkungen, die sich aus der Beschleunigung des Bezugssystems ergeben.

Die *Äquivalenz von „träger" und „schwerer" Masse* findet nach diesem Prinzip eine Deutung. Trägheit und Schwere sind nicht verschiedene Eigenschaften der Materie, sondern nur verschiedene Aspekte ein und derselben Eigenschaft.
In gegeneinander bewegten Bezugssystemen ergibt sich nach der speziellen Relativitätstheorie die Längenkontraktion. Nach dem Äquivalenzprinzip ist die Wirkung der Beschleunigung der Wirkung eines Gravitationsfeldes gleichzusetzen. Da Beschleunigung immer mit Bewegung verknüpft ist, folgt daraus, daß die Längenkontraktion bereits am ruhenden Körper auftritt, wenn er sich in einem Gravitationsfeld befindet.

In einem radialsymmetrischen Gravitationsfeld, z. B. dem der Sonne, läßt sich für die Längenkontraktion (beobachtet von einem Punkt außerhalb des Gravitationsfeldes) eine Formel angeben, die der aus der speziellen Relativitätstheorie weitgehend entspricht. Anstelle der Geschwindigkeit v ist hier die sog. Fluchtgeschwindigkeit einzusetzen, d. h. die Geschwindigkeit, die ein Körper, der aus dem Unendlichen kommend in Richtung auf das Gravitationszentrum fällt, im Abstand r von diesem Zentrum erreicht. Sein Verlust an potentieller Energie ist dann gleich der Zunahme an kinetischer Energie; in erster Näherung (Gültigkeit des Newtonschen Gravitationsgesetzes und kleine Geschwindigkeiten) gilt dann

$$\frac{m_1}{2} v^2 = G \cdot \frac{m_1 \cdot m_2}{r}$$

und daraus

$$v^2 = \frac{2G \cdot m_2}{r}.$$

Die Längenkontraktion ist dann

$$l' = l \cdot \sqrt{1 - \frac{2G \cdot m_2}{r c^2}}.$$

An der Sonnenoberfläche ergibt das mit $m_2 = 2 \cdot 10^{30}$ kg und $r = 7 \cdot 10^8$ m:

$$l' = 0{,}9999979 \cdot l$$

Wie sich von einem Inertialsystem aus die Geometrie eines dagegen bewegten Inertialsystems ändert, so ändert sich auch in einem Gravitationsfeld die Geometrie des Raumes.

Die allgemeine Relativitätstheorie ist damit eine Theorie der Geometrie des Raumes.

In starken Gravitationsfeldern ist die Winkelsumme im Dreieck, wie etwa auf der Erdoberfläche, nicht mehr 180°; wie das eine durch die Krümmung der Erdoberfläche verursacht wird, so spricht man auch hier von einer „*Krümmung des Raumes*". Jede Masse ruft in diesem Sinne eine Störung des sie umgebenden Raumes hervor. Die Gravitationswirkung ist eine Folge der Krümmung des Raumes und der Raum-Zeit.

Diese Aussagen der allgemeinen Relativitätstheorie entziehen sich jedoch weitgehend der anschaulichen Darstellung; man ist zu ihrer Beschreibung noch mehr als bei der speziellen Relativitätstheorie auf die mathematische Formelsprache angewiesen.

Es gilt heute noch nicht als gesichert, daß die allgemeine Relativitätstheorie die Wirklichkeit richtig beschreibt; im Gegensatz zur speziellen Relativitätstheorie ist sie noch umstritten.

Es gibt aber eine Reihe von Effekten, die sich mit dieser Theorie erklären lassen, z. B. die *Ablenkung des Lichtes im Gravitationsfeld* der Sonne, die *Rotverschiebung der Spektrallinien in starken Gravitationsfeldern* (die Schwingungen erfolgen langsamer) und die *Periheldrehung des Merkur* (Rosettenbahn um die Sonne). Die Genauigkeit der entsprechenden Messungen ist nicht so groß, daß sich hieraus die allgemeine Relativitätstheorie beweisen ließe. Diese beschreibt jedoch die genannten Erscheinungen besser als die klassische oder irgend eine andere bekannte Theorie.

Neuerdings konnte die Abhängigkeit des Zeitmaßstabes von der Stärke des Gravitationsfeldes (entsprechend der Längenkontraktion) experimentell direkt nachgewiesen werden.

Eine Atomuhr in einem sehr hoch fliegenden Flugzeug zeigte gegenüber einer Atomuhr auf der Erde (stärkeres Gravitationsfeld) eine zeitliche Abweichung in der berechneten Größe.

Lösungen der Aufgaben

1.1 a) Für den mitbewegten Beobachter beschreibt der Punkt einen Kreis:

$$x = r \cdot \sin \omega t \qquad \text{mit } \omega = \frac{v}{r}$$
$$y = r \cdot \cos \omega t$$

oder $x^2 + y^2 = r^2$.

b) Zur Kreisbewegung addiert sich die Translation:

$$x = r \cdot \sin \omega t + v \cdot t \qquad \text{mit } \omega = \frac{v}{r}.$$
$$y = r \cdot \cos \omega t$$

Der Punkt beschreibt eine Zykloide

1.2 a) Die magnetischen Feldlinien bilden geschlossene Kreise um die bewegte Ladung in senkrecht zur Bewegungsrichtung verlaufenden Ebenen:

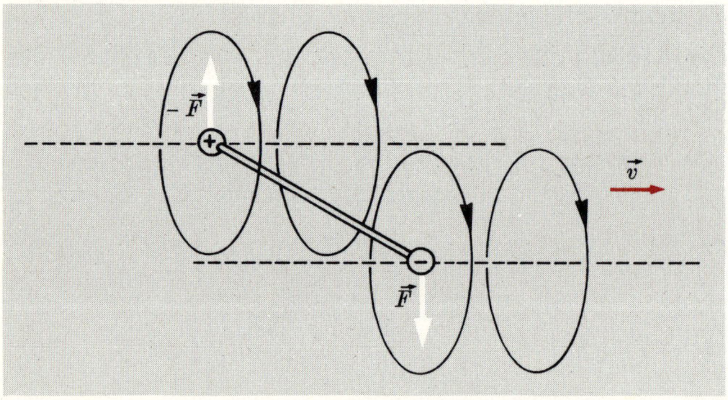

b) Die Lorentzkraft wirkt senkrecht zur Bewegungsrichtung; der Isolierstab müßte also ein Drehmoment erfahren, das ihn senkrecht zur Bewegungsrichtung einstellt. Die entsprechende (d. h. entgegengesetzte) Kraft müßte die linke, positiv geladene Kugel durch das Magnetfeld der negativ geladenen Kugel erfahren und damit ein Drehmoment in gleicher Richtung erzeugen. Tatsächlich konnte von Trouton und Noble nachgewiesen werden, daß ein solches Drehmoment nicht auftritt.

1.3 Die Geschwindigkeit, mit der sich die Erde gegen ein absolutes Bezugssystem bewegen würde, wäre zuerst 0, nach einem halben Jahr $2v$.
Daraus ergibt sich die zeitliche Verzögerung der Lichtwellen

$$\Delta t = t_{\parallel} - t_{\perp} = \frac{l}{c} \cdot \frac{(2v)^2}{c^2} = \frac{11\,\text{m} \cdot 4 \cdot \left(3 \cdot 10^4\,\frac{\text{m}}{\text{s}}\right)^2}{\left(3 \cdot 10^8\,\frac{\text{m}}{\text{s}}\right)^3} = 1{,}47 \cdot 10^{-15}\,\text{s}\,.$$

Bei einer Schwingungsdauer des gelben Lichtes von $T = 1{,}9 \cdot 10^{-15}$ s ergibt sich $\frac{\Delta t}{T} = 0{,}77$; d. h., die Verschiebung der Interferenzstreifen würde 0,77 · Streifenabstand betragen.

1.4 a) Ist die Eigengeschwindigkeit des Bootes v, die Strömungsgeschwindigkeit u und die Flußbreite d, so braucht das Boot, welches den Fluß überquert

$$t_{\perp} = \frac{2d}{\sqrt{v^2 - u^2}} = \frac{2d}{v\sqrt{1 - \frac{u^2}{v^2}}};$$

das andere Boot braucht $t_{\parallel} = \frac{d}{v - u} + \frac{d}{v + u} = \frac{2d}{v\left(1 - \frac{u^2}{v^2}\right)}$.

Wegen $\frac{1}{\sqrt{|a|}} < \frac{1}{|a|}$ für $|a| < 1$ gewinnt das erste Boot das Rennen.

b) Setzt man für die Boote Lichtwellen, die sich in zwei zueinander senkrechten Richtungen ausbreiten und reflektiert werden und für die Relativbewegung des Flußufers zum strömenden Wasser die Bewegung des Bezugssystems gegen den Äther, so entspricht dieses Beispiel dem Michelson-Morley-Versuch.

2.1 a) 1. Die Uhren müssen auf gleiche Ganggeschwindigkeit eingeregelt werden,
2. sie müssen auf Gleichzeitigkeit eingestellt werden.

b) Ersteres geschieht wie üblich, indem man die Ganggeschwindigkeit der einen Uhr durch systematisches Probieren so lange verstellt, bis keine Gangabweichung mehr auftritt. Ist dies erreicht, muß die gleiche Zeit eingestellt werden. Dies geschieht mit Hilfe eines Signals, dessen Laufzeit bekannt sein muß. Wird vom Ort A der ersten Uhr zur Zeit $t = 0$ ein Signal ausgesandt, so muß die Uhr bei B bei der Ankunft des Signals um dessen Laufzeit vorgestellt werden. Die Laufzeit des Signals kann durch Messung der Rückkehrzeit des in B reflektierten Signals ermittelt werden.

2.2 a) Die Schallgeschwindigkeit ist nicht konstant, sondern hängt von Temperatur, Luftfeuchtigkeit und Luftströmung (Bewegung von Sender und/oder Empfänger) ab.

b) Bei konstanter Schallgeschwindigkeit muß die Laufzeit der Schallwelle ($\approx 0{,}3$ s bei 100 m) mit eingerechnet (zur gestoppten Zeit addiert) werden.

c) Kein geeignetes Verfahren zur Synchronisation, da die weiter entfernten Schiffe das Signal verspätet wahrnehmen.

2.3 a) $d = \frac{\Delta t \cdot c}{2} = \frac{1}{2} \cdot 1{,}3 \cdot 60\,\text{s} \cdot 3 \cdot 10^8\,\frac{\text{m}}{\text{s}} = 1{,}17 \cdot 10^{10}\,\text{m}$

b) Synchronisation der Uhren entsprechen Aufgabe 2.1.

c) Die Signale werden in einem zeitlichen Abstand von $\Delta t' = \frac{d}{v}$ ausgesandt; das zweite Signal muß einen um d längeren Weg zurücklegen, kommt also insgesamt um $\Delta t = \frac{d}{v} + \frac{d}{c}$ später an; daraus:

$$v = \frac{d}{\Delta t - \frac{d}{c}} = \frac{1{,}17 \cdot 10^{10}\,\text{m}}{624\,\text{s} - \frac{1{,}17 \cdot 10^{10}\,\text{m}}{3 \cdot 10^8\,\frac{\text{m}}{\text{s}}}} = 2 \cdot 10^7\,\frac{\text{m}}{\text{s}}\,.$$

2.4 $a = g + 3g = 4g; \quad T = 2\pi\sqrt{\frac{l}{a}} = 2\pi\sqrt{\frac{l}{4g}} = \frac{1}{2}\cdot 2\pi\sqrt{\frac{l}{g}} = \frac{1}{2}\,T = 1\,\text{s}.$

2.5 a) Ist die Schallgeschwindigkeit im Meerwasser c, so läßt sich aus $\Delta t = 2\cdot\frac{d}{c}$ die Meerestiefe d berechnen.

b) $d = \frac{\Delta t \cdot c}{2} = \frac{4{,}2\,\text{s}\cdot 1400\,\text{m/s}}{2} = 2940\,\text{m}.$

c) In 4,2 s fährt das Schiff 58,3 m; nach Pythagoras ist dann $d' = \sqrt{2940^2 - 29{,}15^2}\,\text{m} = 2939{,}8\,\text{m}$. Die Fahrt des Schiffes beeinflußt also die Messung nur unwesentlich.

2.6 a) In 0,035 s fliegt die Fledermaus $s = 14\,\frac{\text{m}}{\text{s}}\cdot 0{,}035\,\text{s} = 0{,}49\,\text{m}$; daraus die Entfernung des Hindernisses: $d = \frac{c\cdot t - s}{2} = 5{,}7\,\text{m}.$

b) $f' = f\cdot\frac{c+v}{c-v} = 83\,\text{kHz}\cdot\frac{340+14}{340-14} = 90{,}1\,\text{kHz}.$

Tatsächlich ändert die Fledermaus die Frequenz des ausgesandten Tones so, daß sie immer die gleiche Frequenz empfängt!

3.1 I: 55 km/h; II: 36 km/h; III: 77,4 km/h

3.2 a)

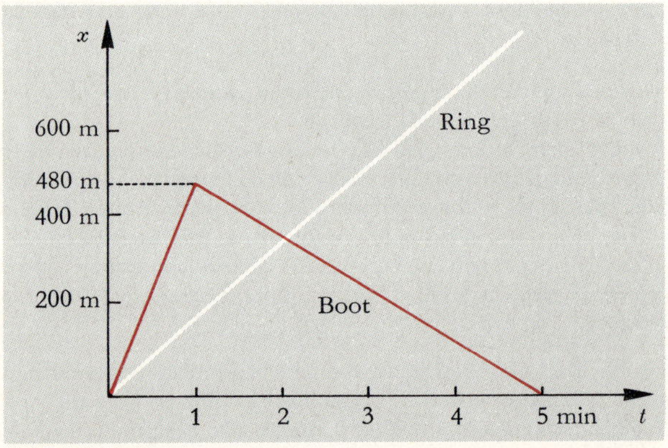

b)

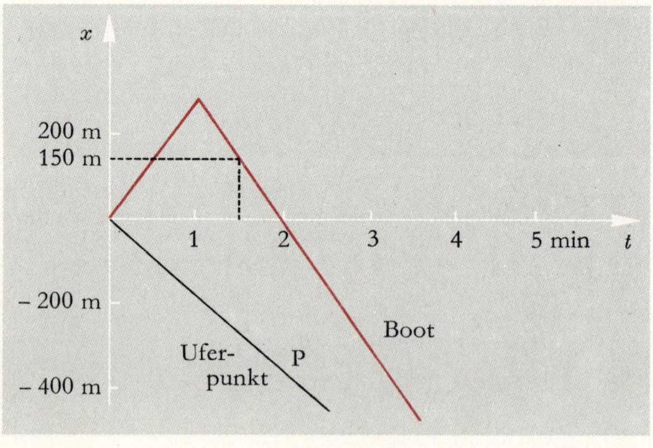

c)

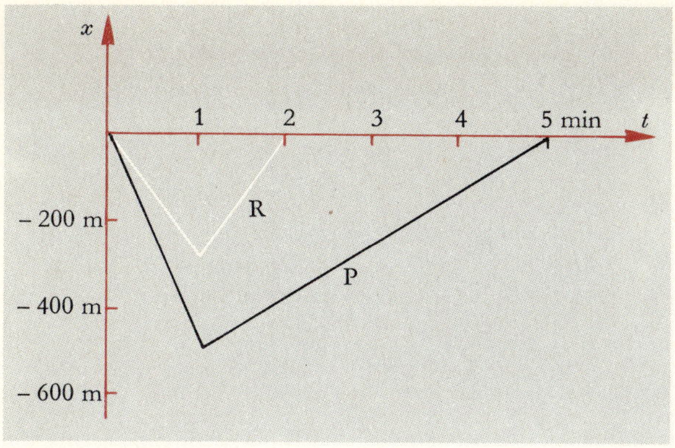

d) 150 m; e) 120 s

3.3 a)

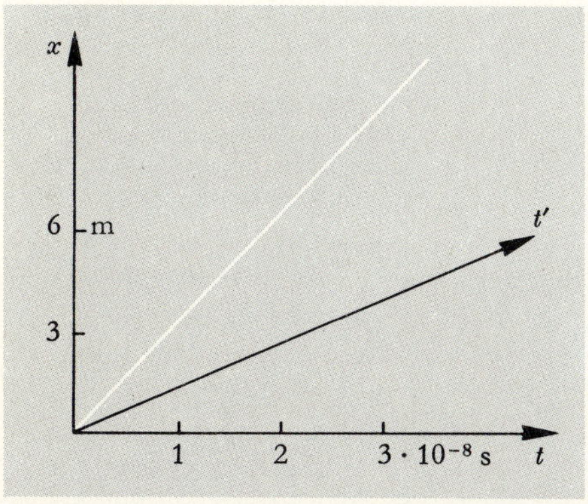

b)

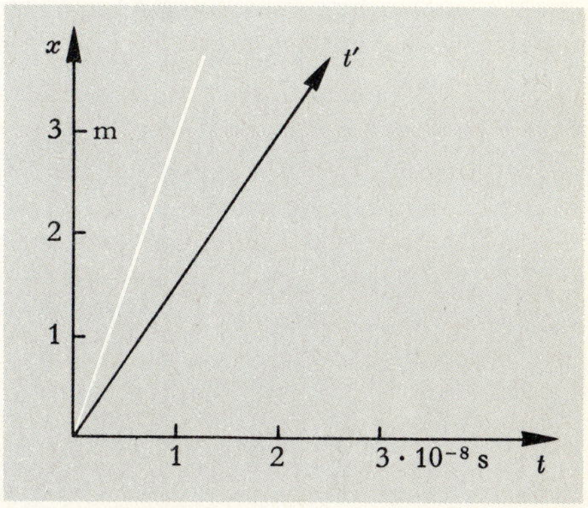

c)

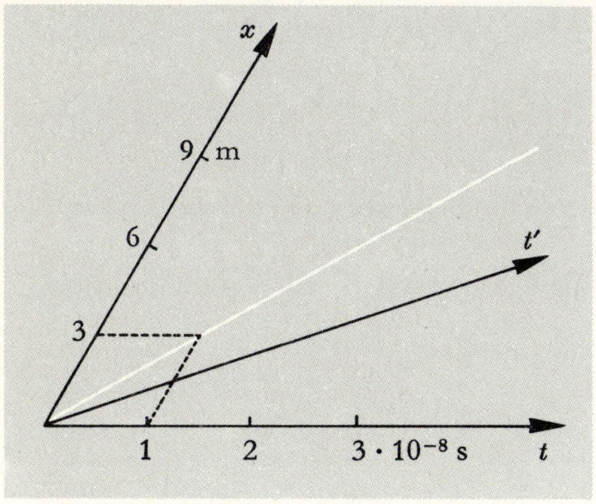

3.4 a)

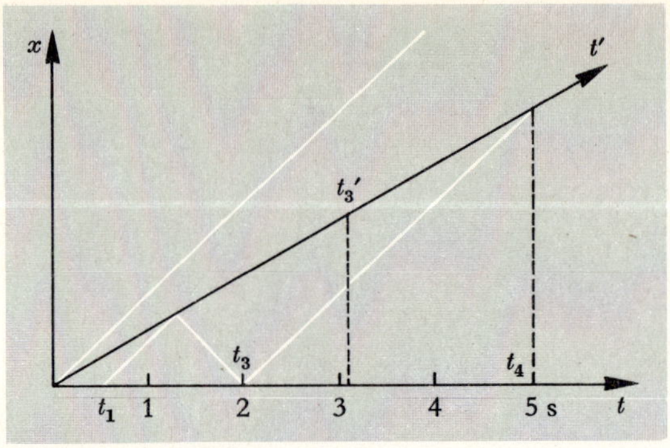

b) $0{,}6\,c \cdot t_2 = c\,(t_2 - t_1)$;
$t_1 \quad = t_2\,(1 - 0{,}6)$;
$t_2 = 1{,}25\ \text{s}$; $d = 1{,}25\ \text{s} \cdot 0{,}6\ \text{c}$
$= 2{,}25 \cdot 10^8\ \text{m}$
$t_3 = 2\ \text{s}$.

c) $0{,}6\,c \cdot t_4 = (t_4 - t_3) \cdot c \Rightarrow t_4 = 5\ \text{s}$.

d) $t_3 = 2\ \text{s}$; $t_3' = \dfrac{t_4 - t_2}{2} = 3{,}125\ \text{s} \Rightarrow t_3' - t_3 = 1{,}125\ \text{s}$.

3.5 a), b)

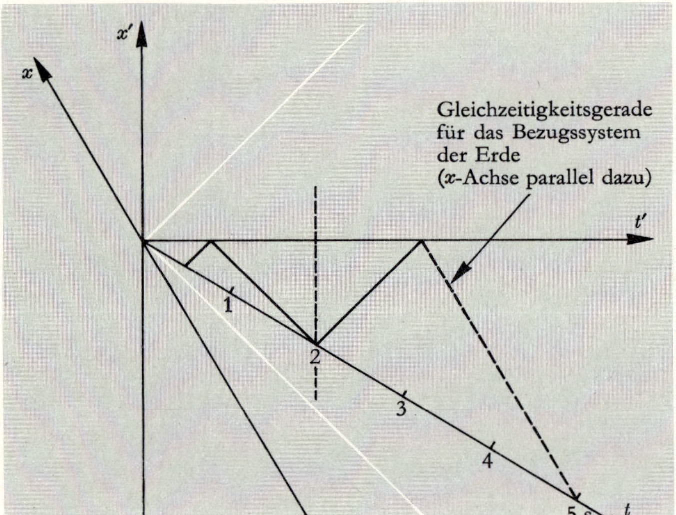

Für das Raumschiff liegen gleichzeitige Ereignisse auf den Parallelen zur x'-Achse.

3.6 $t_2 = \dfrac{u + v}{u - v} \cdot t_1$ (u = Schallgeschwindigkeit, v = Geschwindigkeit des Autos)

3.7 a), b)

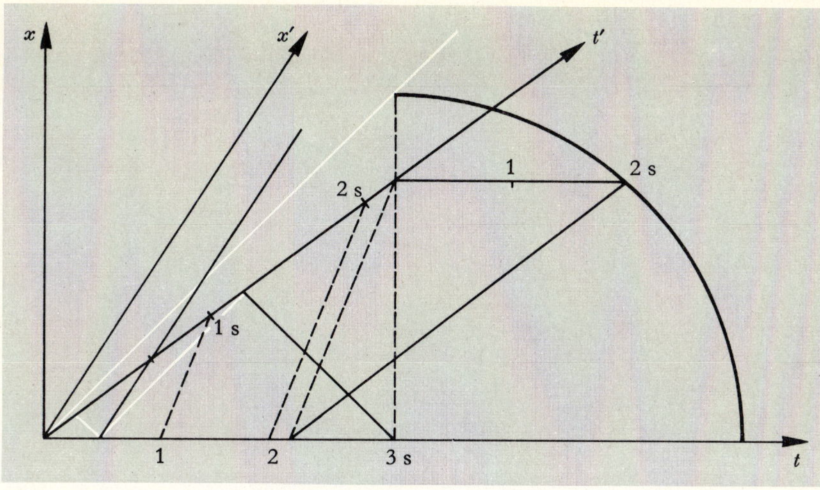

c) Auf dem Raumschiff sind ungefähr 2 s vergangen.

3.8 $t_2' = t_2 \cdot \sqrt{1 - \frac{v^2}{c^2}} = 1\ \text{s}$

$t_4' = t_4 \cdot 0{,}8 = 5\ \text{s}$.

$\Rightarrow t_3' = \frac{t_2' + t_4'}{2} = 2{,}5\ \text{s}$

3.9 a)

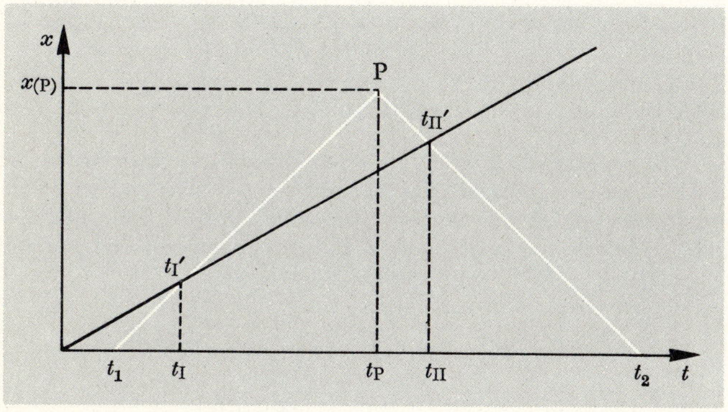

b) $t_2 = 2\,(1{,}3\ \text{s} - 0{,}2\ \text{s}) + 0{,}2\ \text{s} = 2{,}4\ \text{s}$;
$x(\text{P}) = c \cdot 1{,}1\ \text{s} = 3{,}3 \cdot 10^8\ \text{m}$;

$t_I \cdot v = (t_I - t_1) \cdot c \Rightarrow t_I = 0{,}5\ \text{s}$; $t_I' = t_I \cdot \sqrt{1 - \frac{v^2}{c^2}} = 0{,}4\ \text{s}$;

$t_{II} \cdot v = (t_2 - t_{II}) \cdot c \Rightarrow t_{II} = 1{,}5\ \text{s}$; $t_{II}' = t_{II} \cdot 0{,}8 = 1{,}2\ \text{s}$.

c) $t_P' = \frac{t_I' + t_{II}'}{2} = 0{,}8\ \text{s}$.

3.10 a)

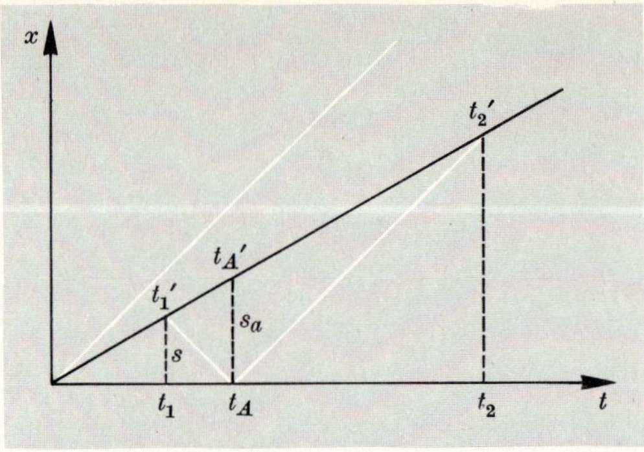

$$t_1' = t_1 \cdot \sqrt{1 - \frac{v^2}{c^2}} \Rightarrow$$
$t_1 = 0.25$ Uhr
$s = v \cdot t_1 = 2{,}7 \cdot 10^{11}$ m.

b) $t_A = t_1 + \frac{s}{c} = 0.40$ Uhr; $t_A' = t_A \cdot 0{,}8 = 0.32$ Uhr.

c) $(t_2 - t_A)\, c = t_2\, v \Rightarrow t_2 = 100$ min; $t_2' = 100$ min $\cdot\, 0{,}8 = 80$ min $= 1.20$ Uhr.

3.11 Der Empfänger entfernt sich vom Sender $\Rightarrow$ Dopplereffekt:

$$f' = f\,\frac{c - v}{c} \Rightarrow \left(\text{wegen } \Delta t = \frac{1}{f}\right): \Delta t^* = \Delta t\,\frac{c}{c - v};$$

Zusätzlich Zeitdilatation: $\Delta t' = \Delta t^* \cdot \sqrt{1 - \frac{v^2}{c^2}} = \Delta t \cdot \sqrt{\frac{c + v}{c - v}}$.

3.12 a) Die Lichtwelle muß von einer Reflexion zur nächsten einen längeren (den schrägen) Weg zurücklegen. Da die Lichtgeschwindigkeit konstant ist, ist dadurch die Zeitdauer eines „Taktes" größer.

b) Der Weg der Lichtwelle bei einem Halbtakt ist

$$c\,t' = \sqrt{(c\,t_0)^2 - (v\,t_0)^2} = t_0 \cdot \sqrt{c^2 - v^2} \Rightarrow t' = t_0 \sqrt{1 - \frac{v^2}{c^2}}.$$

3.13 Die Überlegungen sind zunächst die gleichen; nur die Folgerung ist verschieden: Da die Schallgeschwindigkeit vom Bewegungszustand des Beobachters (B) abhängt, deutet er das frühere Eintreffen des Signals von (Q, Q') entsprechend: Da er vor der von (P, P') ausgehenden Schallwelle herläuft und sich auf die von (Q, Q') ausgehende zubewegt, muß er letztere früher hören, auch wenn beide Ereignisse „gleichzeitig" stattgefunden haben.

3.14 Das „bewegte" π-Meson hat die Lebensdauer $\Delta t = \frac{s}{v} = 3{,}8 \cdot 10^{-8}$ s;

für das ruhende π-Meson gilt also $\Delta t' = \Delta t \cdot \sqrt{1 - \frac{v^2}{c^2}} = 2{,}5 \cdot 10^{-8}$ s.

3.15 a) $\Delta t = \frac{s}{c} = 1{,}27$ s; $\Delta t' = \Delta t \cdot \sqrt{\frac{c - v}{c + v}} = 1{,}27 \text{ s} \cdot \sqrt{\frac{1}{3}} = 0{,}73$ s.

b) $s' = c \cdot \Delta t' = 219\,000$ km.

3.16 a) $t' = \frac{l_0}{c} = 0{,}67 \cdot 10^{-3}$ s. b) $t_1 = \frac{l}{c + v} = \frac{l_0}{c + v} \cdot \sqrt{1 - \frac{v^2}{c^2}} = 0{,}22 \cdot 10^{-3}$ s.

c) $t_2 = \frac{l}{v} = \frac{l_0}{v} \cdot \sqrt{1 - \frac{v^2}{c^2}} = 0{,}5 \cdot 10^{-3}$ s.

3.17 a) $l = \frac{1}{2} \cdot l_0 \Rightarrow 1 - \frac{v^2}{c^2} = \frac{1}{4} \Rightarrow v = 2{,}6 \cdot 10^8 \ \frac{\text{m}}{\text{s}}$.

b) $l = l_0 \cdot \sqrt{1 - 0{,}99^2} = 0{,}14 \cdot l_0$.

3.18 $$s = v\,(t_2 - t_1) = v \cdot \Delta t' \cdot \sqrt{1 - \frac{v^2}{c^2}} = s' \sqrt{1 - \frac{v^2}{c^2}}.$$

3.19 Der in Bewegungsrichtung verlaufende Lichtweg wird verkürzt:

$l_1' = l_1 \cdot \sqrt{1 - \frac{v^2}{c^2}}$; es wird also (siehe Gl. 1.3. (1))

$$t_{\|} = \frac{2\,l_1 \cdot \sqrt{1 - \frac{v^2}{c^2}}}{c\left(1 - \frac{v^2}{c^2}\right)} = \frac{2\,l_1}{c\sqrt{1 - \frac{v^2}{c^2}}} = t_{\perp}.$$

Die Zeitdifferenz ist also Null und es tritt keine Verschiebung der Interferenzstreifen auf.

3.20

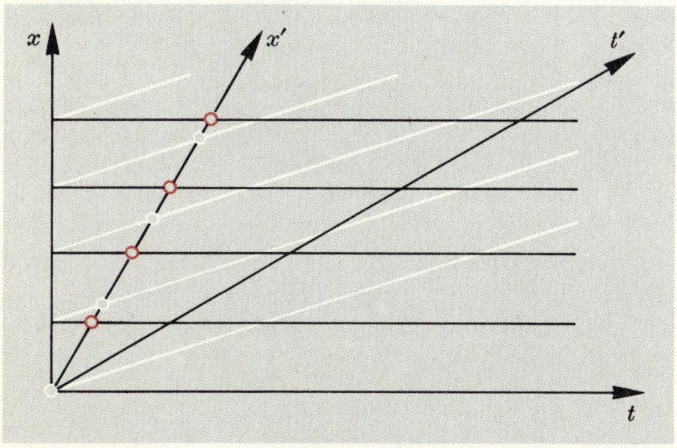

Ionen

Elektronen

3.21 $$\frac{\Delta t}{t} = \frac{t - t'}{t} = 1 - \sqrt{1 - \frac{v^2}{c^2}} \approx 1 - \left(1 - \frac{1}{2} \cdot \frac{v^2}{c^2}\right) \approx \frac{1}{2} \cdot \frac{v^2}{c^2} \approx 1 \cdot 10^{-13};$$

diese Genauigkeit kann mit Atomuhren ohne weiteres erreicht werden.

4.1 Das System S′ bewegt sich gegenüber S mit der Geschwindigkeit v. Eine Uhr in S′ wird mit zwei Uhren in S verglichen: Punktereignisse $P_1\,(t_1; x_1)$ und $P_2\,(t_2; x_2)$.
Nach Gleichung 4.1. (4) und wegen $x_2 - x_1 = v\,(t_2 - t_1)$ ist

$$t_2' - t_1' = \frac{t_2 - \frac{x_2 v}{c^2}}{\sqrt{1 - \frac{v^2}{c^2}}} - \frac{t_1 - \frac{x_1 v}{c^2}}{\sqrt{1 - \frac{v^2}{c^2}}} = \frac{t_2 - t_1 - \frac{v^2}{c^2}(t_2 - t_1)}{\sqrt{1 - \frac{v^2}{c^2}}} = (t_2 - t_1) \cdot \sqrt{1 - \frac{v^2}{c^2}}.$$

Ein Stab hat in S′ die Länge l_0, die Koordinaten der Stabenden sind x_1' und x_2'; es ist also $x_2' - x_1' = l_0$.

Nach Gl. 4.1. (4) lassen sich x_1' und x_2' durch x_1 und t_1 bzw. x_2 und t_2 ausdrücken.

Um die Länge des Stabes von S aus zu messen, müssen x_1 und x_2 gleichzeitig abgelesen werden, also $t_1 = t_2$; dann ist

$$l_0 = x_2' - x_1' = \frac{x_2 - x_1}{\sqrt{1 - \frac{v^2}{c^2}}} = \frac{l}{\sqrt{1 - \frac{v^2}{c^2}}} \quad \text{und} \quad l = l_0 \cdot \sqrt{1 - \frac{v^2}{c^2}}\,.$$

4.2 $x' = x - v\,t$
$y' = y$ ergibt sich für $c \to \infty$.
$z' = z$
$t' = t$

4.3

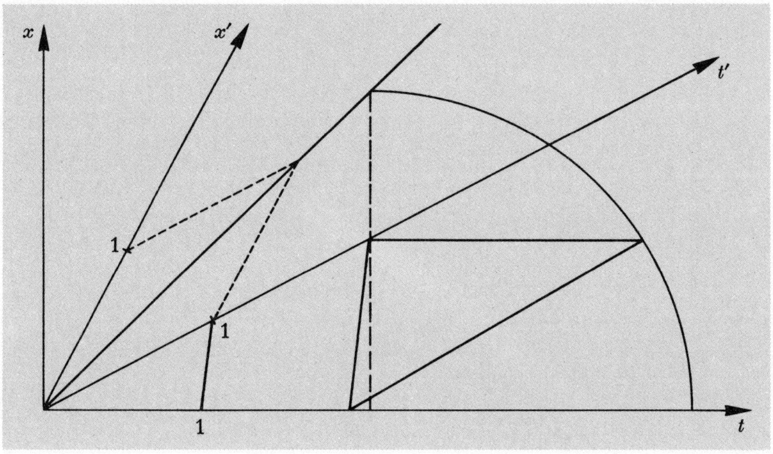

4.4

$$t_1' = \frac{t_1 - \frac{x\,v}{c^2}}{\sqrt{1 - \frac{v^2}{c^2}}} = 0{,}05\ \mathrm{s} \qquad x' = \frac{x - v\,t}{\sqrt{1 - \frac{v^2}{c^2}}} = 0{,}55 \cdot 10^8\ \mathrm{m}\,.$$

4.5 a)

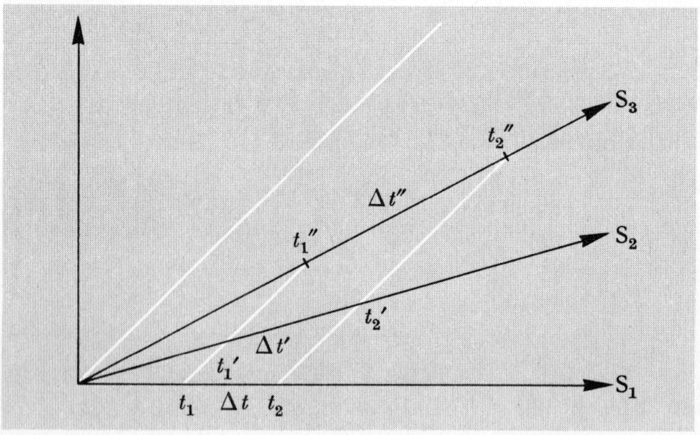

b) $t_1' = k_{12}\, t_1$, $t_2' = k_{12}\, t_2$ $\Rightarrow \Delta t' = k_{12}\,\Delta t$

entsprechend $\Delta t'' = k_{13}\,\Delta t$

und $\Delta t'' = k_{23}\,\Delta t'$.

c) $\Delta t'' = k_{23} \cdot k_{12} \cdot \Delta t$, $\Delta t'' = k_{13} \cdot \Delta t$ $\Rightarrow k_{13} = k_{12}\, k_{23}$.

d) Aus $k_{13} = k_{12} \cdot k_{23}$ folgt $\sqrt{\dfrac{c + v_{13}}{c - v_{13}}} = \sqrt{\dfrac{c + v_{12}}{c - v_{12}}} \cdot \sqrt{\dfrac{c + v_{23}}{c - v_{23}}}$;

Auflösung nach v_{13} ergibt $v_{13} = \dfrac{v_{12} + v_{23}}{1 + \dfrac{v_{12}\, v_{23}}{c^2}}$.

4.6 $$K' = \frac{(x - v\,t)^2}{\sqrt{1 - \frac{v^2}{c^2}}^{\,2}} + y^2 + z^2 - c^2 \cdot \frac{(t - x\,v/c^2)^2}{\sqrt{1 - \frac{v^2}{c^2}}^{\,2}}$$

durch Umformung und Vereinfachung folgt $K' = x^2 + y^2 + z^2 - c^2\,t^2 = K$.

4.7 $$v'' = \frac{v + v'}{1 + \frac{v\,v'}{c^2}} = 0{,}93\,c\,.$$

5.1 a) $a = \dfrac{e\,E}{m}$; $\Delta t = \dfrac{d}{v}$; $y = \dfrac{a}{2}(\Delta t)^2 = \dfrac{1}{2} \cdot \dfrac{e}{m} E \cdot \dfrac{d^2}{v^2}$.

b) $\dfrac{m\,v^2}{r} = e \cdot v \cdot B \Rightarrow r = \dfrac{v}{\frac{e}{m} B}$; daraus und nach Gl. 5.2. (3): $x = \dfrac{d^2}{2\,v} \cdot \dfrac{e}{m} \cdot B$.

c) Es treten beide Ablenkungen (in y-Richtung und in x-Richtung) gleichzeitig auf:

$y = \dfrac{d^2}{2} \cdot \dfrac{e}{m} \cdot E \cdot \dfrac{1}{v^2}$; $x = \dfrac{d^2}{2} \cdot \dfrac{e}{m} \cdot B \cdot \dfrac{1}{v}$.

d) Eliminieren des Parameters v ergibt: $y = \dfrac{2\,E}{d^2 \cdot \frac{e}{m} \cdot B^2} \cdot x^2$,

die Elektronen treffen die Fotoplatte auf einer Parabel.

5.2 a) $\dfrac{m\,v^2}{r} = e \cdot v \cdot B \Rightarrow v = r \cdot \dfrac{e}{m} \cdot B = 4{,}84 \cdot 10^8\ \dfrac{\text{m}}{\text{s}}$ ist nicht brauchbar!

b) $\dfrac{m}{\sqrt{1 - \frac{v^2}{c^2}}} \cdot \dfrac{v^2}{r} = e \cdot v \cdot B$ ergibt $\dfrac{1}{v^2} = \dfrac{1}{c^2} + \dfrac{1}{\left(\frac{e}{m}\right)^2 r^2\,B^2}$,

daraus $v = 2{,}55 \cdot 10^8\ \dfrac{\text{m}}{\text{s}}$.

5.3 $v = \dfrac{E}{B} = 2{,}4 \cdot 10^8\ \dfrac{\text{m}}{\text{s}}$; $\dfrac{e}{m} = \dfrac{v}{r\,B} = 1{,}07 \cdot 10^{11}\ \dfrac{\text{C}}{\text{kg}}$.

5.4 a) $\dfrac{m_0}{\sqrt{1 - \frac{v^2}{c^2}}} \cdot c^2 = W \Rightarrow v = c \cdot \sqrt{1 - \left(\dfrac{m_0\,c^2}{W}\right)^2} \approx c$. Es ist also $t = 10^5$ a.

b) $l' = l \cdot \sqrt{1 - \frac{v^2}{c^2}} = 10^5 \cdot 3{,}15 \cdot 10^7\,\text{s} \cdot 3 \cdot 10^8\,\frac{\text{m}}{\text{s}} \cdot \frac{1{,}67 \cdot 9 \cdot 10^{11}}{1{,}6} = 296\,\text{s} \cdot 3 \cdot 10^8\,\frac{\text{m}}{\text{s}}$;

$t' = \frac{l'}{c} = 296$ s, d.h., das Proton braucht rund 5 Minuten.

5.5 Es ist $W = 2\,m_0\,c^2 = \frac{m_0}{\sqrt{1 - \frac{v^2}{c^2}}}\,c^2 \Rightarrow \sqrt{1 - \frac{v^2}{c^2}} = \frac{1}{2} \Rightarrow v = \frac{c}{2}\sqrt{3}$.

Aus Impulssatz $m \cdot v = M \cdot v' = 2\,m_0\,v$

und Massenerhalt $M = 3\,m_0$ folgt $v' = \frac{2}{3}\,v = \frac{c}{3}\sqrt{3}$.

$$M = M_0 \cdot \sqrt{1 - \frac{v^2}{c^2}} = 3\,m_0 \cdot \sqrt{1 - \frac{\left(\frac{c}{3}\sqrt{3}\right)^2}{c^2}} = m_0 \cdot \sqrt{6}.$$

5.6 a) $e \cdot U = \left(\frac{m_0}{\sqrt{1 - \frac{v^2}{c^2}}} - m_0\right) \cdot c^2$ nach v aufgelöst: $v = 2{,}3 \cdot 10^8\,\frac{\text{m}}{\text{s}}$.

$t = \frac{l}{v} = 4{,}35 \cdot 10^{-7}$ s.

b) $l' = l \cdot \sqrt{1 - \frac{v^2}{c^2}} = 64{,}2$ m; $t' = \frac{l'}{v} = 2{,}8 \cdot 10^{-7}$ s.

5.7 a) $e \cdot U = (m - m_0) \cdot c^2 = 0{,}01 \cdot m_0 \cdot c^2$; $U = 5143$ V.

b) $\frac{m_0}{\sqrt{1 - \frac{v^2}{c^2}}} = 1{,}01 \cdot m_0 \Rightarrow v = 0{,}42 \cdot 10^8\,\frac{\text{m}}{\text{s}}$.

5.8 $W = 500\,\frac{\text{W}}{\text{m}^2} \cdot 12 \cdot 3600\,\text{s} \cdot 10\,\text{m}^2 = 2{,}16 \cdot 10^8$ J; $W = m\,c^2 \Rightarrow m = 2{,}4 \cdot 10^{-9}$ kg.

5.9 $\frac{m_0\,c^2}{\sqrt{1 - \frac{v^2}{c^2}}} = 2 \cdot \frac{m_0\,c^2}{\sqrt{1 - \left(\frac{5}{6}\right)^2}} \Rightarrow v = 0{,}96\,c = 2{,}88 \cdot 10^8\,\frac{\text{m}}{\text{s}}$.

5.10 a) $E_{\text{kin}} = \frac{m}{2}\,v^2 = M\,c^2 \Rightarrow M = 3 \cdot 10^{16}$ kg.

b) $1{,}001 \cdot m_0 = m_0 \cdot \frac{1}{\sqrt{1 - \frac{v^2}{c^2}}} \Rightarrow m_0\left(1 + \frac{1}{2} \cdot \frac{v^2}{c^2}\right) \Rightarrow v = 0{,}045\,c = 1{,}3 \cdot 10^7\,\frac{\text{m}}{\text{s}}$.

Aus $\frac{m\,v^2}{r} = G\,\frac{m \cdot M}{r^2}$ folgt $r = 7{,}8 \cdot 10^5$ m, d.h., die Umlaufbahn würde innerhalb der Sonne verlaufen. $T = 2\,r\,\pi/v = 0{,}38$ s!